普通高等院校"十一五"规划教材
普通高等院校机械类精品教材
编审委员会

顾　问：杨叔子　华中科技大学
　　　　李培根　华中科技大学
总主编：吴昌林　华中科技大学
委　员：（按姓氏拼音顺序排列）

崔洪斌　河北科技大学	孟　逵　河南工业大学
冯　浩　景德镇陶瓷学院	芮执元　兰州理工大学
高为国　湖南工程学院	汪建新　内蒙古科技大学
郭钟宁　广东工业大学	王生泽　东华大学
韩建海　河南科技大学	闫占辉　长春工程学院
孔建益　武汉科技大学	杨振中　华北水利水电学院
李光布　上海师范大学	尹明富　天津工业大学
李　军　重庆交通大学	张　华　南昌大学
黎秋萍　华中科技大学出版社	张建钢　武汉科技学院
刘成俊　重庆科技学院	赵大兴　湖北工业大学
柳舟通　黄石理工学院	赵天婵　江汉大学
卢道华　江苏科技大学	赵雪松　安徽工程科技学院
鲁屏宇　江南大学	郑清春　天津理工大学
梅顺齐　武汉科技学院	周广林　黑龙江科技学院

普通高等院校"十一五"规划教材
普通高等院校机械类精品教材

顾　问　杨叔子　李培根

机械工程控制基础

主　编　杨前明　吴炳胜　金晓宏
副主编　宋志安　陈　玉　曹冲振
主　审　吴　波

华中科技大学出版社
http://www.hustp.com
中国·武汉

内 容 提 要

本书主要介绍工程上广为应用的经典控制论中信息处理和系统分析与综合的基本方法,包括控制系统的数学模型、控制系统的时间响应与误差分析、控制系统的频率特性分析、控制系统的稳定性、控制系统的性能分析与校正、非线性控制系统、MATLAB在控制系统中的应用等内容。在论述上注意深入浅出、精讲多练、简洁实用。每章附有例题与习题,书后配有部分习题参考答案,供解题时参考。本书附录中的拉普拉斯变换、Z变换内容可供阅读时查阅。

本书可作为机械设计制造及其自动化、材料成形及控制和其他非电类专业学生的教材,也可供有关科技人员参考。

图书在版编目(CIP)数据

机械工程控制基础/杨前明　吴炳胜　金晓宏　主编.—武汉：华中科技大学出版社，2010.8（2020.8重印）

ISBN 978-7-5609-6332-7

Ⅰ.机…　Ⅱ.①杨…②吴…③金…　Ⅲ.机械工程-控制系统-高等学校-教材　Ⅳ.TH-39

中国版本图书馆CIP数据核字(2010)第113493号

机械工程控制基础

杨前明　吴炳胜　金晓宏　主编

策划编辑：刘　锦
责任编辑：刘　飞
封面设计：潘　群
责任校对：张　琳
责任监印：徐　露

出版发行：华中科技大学出版社（中国•武汉）　　电话：(027)81321913
　　　　　武汉市东湖新技术开发区华工科技园　　邮编：430223
录　　排：武汉楚海文化传播有限公司
印　　刷：广东虎彩云印刷有限公司
开　　本：787mm×960mm　1/16
印　　张：13　插页：2
字　　数：300千字
版　　次：2020年8月第1版第11次印刷
定　　价：36.00元

本书若有印装质量问题，请向出版社营销中心调换
全国免费服务热线：400-6679-118　竭诚为您服务
版权所有　侵权必究

"爆竹一声除旧,桃符万户更新。"在新年伊始,春节伊始,"十一五规划"伊始,来为"普通高等院校机械类精品教材"这套丛书写这个"序",我感到很有意义。

近十年来,我国高等教育取得了历史性的突破,实现了跨越式的发展,毛入学率由低于10%达到了高于20%,高等教育由精英教育而跨入了大众化教育。显然,教育观念必须与时俱进而更新,教育质量观也必须与时俱进而改变,从而教育模式也必须与时俱进而多样化。

以国家需求与社会发展为导向,走多样化人才培养之路是今后高等教育教学改革的一项重要任务。在前几年,教育部高等学校机械学科教学指导委员会对全国高校机械专业提出了机械专业人才培养模式的多样化原则,各有关高校的机械专业都在积极探索适应国家需求与社会发展的办学途径,有的已制定了新的人才培养计划,有的正在考虑深刻变革的培养方案,人才培养模式已呈现百花齐放、各得其所的繁荣局面。精英教育时代规划教材、一致模式、雷同要求的一统天下的局面,显然无法适应大众化教育形势的发展。事实上,多年来许多普通院校采用规划教材就十分勉强,而又苦于无合适教材可用。

"百年大计,教育为本;教育大计,教师为本;教师大计,教学为本;教学大计,教材为本。"有好的教材,就有章可循、有规可依、有鉴可借、有道可走。师资、设备、资料(首先是教材)是高校的三大教学基本建设。

"山不在高,有仙则名。水不在深,有龙则灵。"教材不在厚薄,内容不在深浅,能切合学生培养目标,能抓住学生应掌握的要言,能做到彼此呼应、相互配套,就行,此即教材要精、课程要精,能精则名、能精则灵、能精则行。

华中科技大学出版社主动邀请了一大批专家,联合了全国几十个应用型机械专业,在全国高校机械学科教学指导委员会的指导下,保证了当前形势下机械学科教学改革的发展方向,交流了各校的教改经验与教材建设计划,确定了一批面向普通高等院校机械学科精品课程的教材编写计划。特别要提出的,教育质量观、教材质量观必须随高等教育大众化而更新。大众化、多样化决不是降低质量,而是要面向、适应与满足人才市场的多样化需求,面向、符合、激活学生个性与能力的多样化特点。"和而不同",才能生动活泼地繁荣与发展。脱离市场实际的、脱离学生实际的一刀切的质量不仅不是"万应灵丹",而是"千篇一律"的桎梏。正因为如此,为了真正确保高等教育大众化时代的教学质量,教育主管部门正在对高校进行教学质量评估,各高校正在积极进行教材建设,特别是精品课程、精品教材建设。也因为如此,华中科技大学出版社组织出版普通高等院校应用型机械学科的精品教材,可谓正得其时。

我感谢参与这批精品教材编写的专家们!我感谢出版这批精品教材的华中科技大学出版社的有关同志!我感谢关心、支持与帮助这批精品教材编写与出版的单位与同志们!我深信编写者与出版者一定会同使用者沟通,听取他们的意见与建议,不断提高教材的水平!

特为之序。

中国科学院院士
教育部高等学校机械学科指导委员会主任
杨叔子
2006.1

前　言

本书为高等院校机械类本科及其相关专业的教材,教材章节内容以国家教指委 2008 年 8 月发布的"中国机械工程学科教程"为依据,参照"控制理论子知识领域的知识单元和知识点"选定。在编写过程中总结了多年的教学经验,参考了国内有关同类教材,注意教材内容系统性的同时,全书贯彻"少而精"的原则,注重理论联系实际,融入工程背景。在叙述方法上,力求深入浅出,突出重点。

本书主要对经典控制理论的基本概念与方法进行了阐述。全书共分八章,其中第 1 至 5 章是重点。

第 6 章介绍了控制系统串联校正、反馈校正与 PID 校正的基本方法,目的是让读者了解校正的基本思想,熟悉最常见的工程校正方法。

第 7 章介绍了控制系统中的典型非线性环节,如摩擦、间隙等对系统性能的严重影响及其描述函数法,通过对典型非线性环节的举例分析力图给学生建立非线性特性的基本概念及其分析方法。

第 8 章介绍了 MATLAB 仿真软件的基本概念及其在控制系统时域、频域分析中的基本应用方法。

考虑到部分读者对于拉普拉斯变换及 Z 变换不熟悉或需要回顾,为方便阅读,本书在附录中简要地介绍了这部分内容。

本书由山东科技大学杨前明教授编写第 1、2、7 章与附录部分的内容,山东科技大学曹冲振副教授编写第 3 章,河北工程大学吴炳胜教授编写第 4 章,武汉科技大学金晓宏教授编写第 5 章,安徽工程大学陈玉讲师编写第 6 章,山东科技大学宋志安副教授编写第 8 章,全书由杨前明教授统稿,华中科技大学吴波教授主审。山东科技大学陈毕胜、陈广庆、姜雪、薛凤先讲师分别参编了第 1、2、6、7 章,河北工程大学荀杰参编了第 3 章,重庆科技学院李良讲师参编了第 5 章内容。

本书在编写过程中,吸取了许多兄弟院校同类教材的优点,得到了许多同仁的帮助,在此一并表示感谢。

限于编者水平,书中难免存在错误与不妥之处,殷切希望广大读者批评指正。

编　者

2010 年 5 月于青岛

目　　录

第 1 章　绪论 ·· (1)
　1.1　概述 ·· (1)
　1.2　自动控制系统的基本概念 ·· (2)
　1.3　本课程的特点与学习方法 ·· (7)
　习题 ·· (7)

第 2 章　控制系统的数学模型 ·· (9)
　2.1　物理系统动态描述 ··· (9)
　2.2　非线性系统及其数学模型的线性化 ··· (12)
　2.3　传递函数的概念与典型环节的传递函数 ·· (14)
　2.4　系统框图及其简化 ··· (20)
　2.5*　系统信号流图与梅孙公式 ·· (25)
　习题 ·· (27)

第 3 章　控制系统的时间响应与误差分析 ··· (30)
　3.1　时间响应和典型输入信号 ·· (30)
　3.2　一阶系统的时间响应 ··· (33)
　3.3　二阶系统的时间响应 ··· (36)
　3.4*　高阶系统的时间响应 ·· (47)
　3.5　误差与稳态误差 ··· (48)
　习题 ·· (54)

第 4 章　控制系统的频率特性分析 ·· (55)
　4.1　频率特性概述 ··· (55)
　4.2　频率特性的极坐标(Nyquist)图 ··· (59)
　4.3　频率特性的对数坐标(Bode)图 ··· (64)
　4.4　控制系统闭环频率特性的 Bode 图 ·· (72)
　习题 ·· (75)

第 5 章　控制系统的稳定性 ·· (78)
　5.1　系统稳定性概念及其条件 ·· (78)
　5.2　控制系统的稳定判据 ··· (81)
　5.3　控制系统的稳定性储备 ·· (94)
　5.4　频域性能指标与时域性能指标关系 ·· (97)
　习题 ··· (104)

第6章 控制系统的性能分析与校正 (107)
6.1 系统的性能指标与校正方法 (107)
6.2 串联校正 (109)
6.3 反馈校正 (117)
6.4 PID 校正 (120)
习题 (127)

第7章 非线性控制系统 (129)
7.1 控制系统的典型非线性特征 (129)
7.2 描述函数法 (133)
7.3 机电控制系统中的非线性环节分析举例 (142)
7.4 利用非线性特性改善系统的性能 (147)
习题 (148)

第8章 MATLAB 在控制系统中的应用 (150)
8.1 MATLAB 仿真软件简介 (150)
8.2 基于 MATLAB 控制系统的时域分析 (159)
8.3 控制系统的频域分析 (171)

附录 A 拉普拉斯(Laplace)变换 (179)
附录 B Z 变换 (188)
部分习题参考答案 (194)
参考文献 (200)

第1章 绪 论

1.1 概 述

以"三论"(系统论、信息论、控制论)为代表的科学方法论,是一门新兴的理论,它为人类认识世界和改造世界提供了新的有力武器,是20世纪以来最伟大的成果。作为"三论"之一的"控制论"中的"控制"的概念,人们并不陌生。自人类文明开始,人类就有"控制"的尝试。"人猿相揖别,只几个石头磨过,小儿时节。"这里面,人是控制者,"石头"(石器)是被控制的对象。控制是反映人和工具关系的一个概念,控制工程是一门研究"控制论"在工程中应用的科学。"控制工程基础"主要阐述自动控制技术的基础理论及其分析问题与解决问题的基本方法。

控制论的产生有其自身的实践基础和理论基础。中国古代的指南车、风磨漏斗、木牛流马、地动仪、水运仪象台等,18世纪英国的蒸汽机的调节器,20世纪以来出现的以电信号控制为主的机械,如数控机床等,都是人类生产过程中自动控制的实践明证。控制理论随着生产的机械化及电气技术的发展得到了不断丰富与完善。第二次世界大战期间,控制论创始人维纳(N. Wiener)在对火炮自动控制的研究中发现了极为重要的反馈(feedback)概念,他总结了包括生理学、信息论等诸多学科在内的前人成果,于1948年出版了著名的《控制论——关于在动物和机器中控制和通信的科学》一书,奠定了控制论这门学科的基础。维纳发现,机器系统、生命系统甚至社会经济系统有一个共同的特点,即通过信息的传递、加工处理和反馈来进行控制,亦即具备控制论的信息、反馈与控制三个要素,这就是控制论的中心思想。在控制论建立后的不长时间内,其中心思想便迅速渗透到其他许多学科领域,大大推动了近代科学技术的发展,并派生出许多新的边缘学科。1954年,我国学者钱学森运用控制论的思想和方法,首创了"工程控制论",把控制论推广到其他领域。此后又出现了生物控制论、经济控制论、社会控制论。随着科技进步,特别是计算机科学技术的发展,控制论无论是在其三要素的内涵上,还是在其深度与广度上,均处于动态发展状态,对促进社会生产力的发展与社会进步有着深远的影响。控制论的发展过程大体可分为三个阶段。

第一阶段:20世纪40—50年代为经典控制理论发展时期。经典控制论以传递函数为基础,主要用于单输入、单输出控制系统的分析和设计,实现的是单机、局部的自动化,如自动调节器、伺服系统等。对于线性定常系统,这种方法是有效的。

第二阶段:20世纪60—70年代为现代控制理论发展时期。这期间随着计算机技术的发展和空间技术的进步,产生了把经典控制论中的高阶常微分方程转化为一阶微分方程组来描述系统的方法,即所谓状态空间法。采用这种方法可以解决多输入、多输出问题,实现的是多变量控制、最优控制,还可以考虑多种变化因素。状态空间法对非线性、时变系统(如航天系统、导弹系统等)也同样有效。

第三阶段:20世纪70年代末至今,控制论向着"大系统"理论和智能控制论方向发展。"大系统"理论是用控制和信息的观点研究大系统的结构方案、总体设计中的分析方法和协调问题的理论;智能控制论是研究与模拟人类活动的机理的理论。这个阶段的控制论可实现规模庞大、结构复杂、变量参数多、多目标控制系统(如智能机器人技术、生物系统、社会系统等)的控制。

控制论发展的历程反映了人类社会由机械化步入电气化,继而走向自动化、信息化和智能化的发展特征。控制论的基本概念和研究方法是人类认识史上的一个飞跃,开辟了人类认识世界的新途径。从控制论的发展中可以看出,经典控制论是基础,现代控制论、智能控制论等都是在此基础上发展起来的。本书将主要介绍经典控制论。

在机械工程问题上,机械、电气、液压和计算机被广泛采用,而且常常互相渗透、相互配合,这就需要结合机电液系统阐述工程上共同遵循的基本控制规律。例如,电梯可以不受乘员多少的影响,按照人的要求准确地停在任一楼层,机床的数字控制可以实现工件的自动加工,导弹能够击中正在运动的目标,这些都离不开自动控制技术。

1.2 自动控制系统的基本概念

所谓自动控制,是指在无人直接参与的情况下,利用控制装置使被控对象(如机器、设备或生产过程等)的某些物理量(如温度、压力、速度等)或工作状态(如位置等)准确地按照预期规律变化。如空调系统的温度控制问题、机械零件在数控机床上的加工成形问题及射击目标的自动瞄准与击中等问题,都属于自动控制方面的问题。一般地说,使被控制量按照给定量的变化规律而变化,就是控制系统所要完成的基本任务。学习"机械工程控制基础"课程要学会解决两个问题:一是如何分析某个给定控制系统的工作原理、稳定性和过渡过程品质;二是如何根据实际需要来进行控制系统的设计,并用机、电、液、光等设备来实现这一设计系统。前者主要是要分析系统,后者是要对控制系统设计与综合。无论解决哪类问题,都必须具有丰富的控制理论知识,并以系统的而不是孤立的、动态的而不是静态的观点和方法来处理问题,这样才能实现预期的控制目的。

1.2.1 自动控制系统工作原理

以水箱液位控制系统为例,讨论实现液位控制的两种办法(即人工控制和自动控制)。图1.1所示为人工控制的水箱水位控制系统,人工调节过程可归结如下。

(1) 观测水箱的液位(被控制量)。

(2) 与要求的液位(给定值)进行比较,得出偏差的大小和方向。

(3) 根据偏差的大小和方向再进行控制:当水箱液位高于所要求的给定液位值时,就减小放水阀门开度使液位降低;当水箱液位低于给定的值时,则增大进水阀门开度,使液位增高。

因此,人工控制水箱液位的过程就是测量液位,获取预定液位与实际液位之间的偏差、再控制调节以纠正偏差的过程。简单地讲就是"检测偏差用以纠正偏差"的过程。

对于这种水箱液位简单的控制形式,如果能设计一个控制器代替人工简单的调节职能,就能将人工调节系统转换成自动控制系统了。图 1.2 所示为水箱液位自动控制系统。当外界因素引起箱内水位变化时,作为测量反馈元件的浮球,把液位偏差信号反馈给控制器,并通过其控制气动阀门打开,直到液位达到给定值为止,当偏差信号为 0 时,气动阀门关闭,这样就完成了所要求的控制任务。

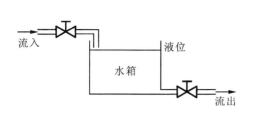
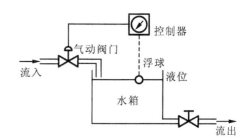

图 1.1　水箱液位控制系统　　　　图 1.2　水箱液位自动控制系统

上述人工控制系统和自动控制系统是极其相似的:执行机构类似于人手,测量装置相当于人的眼睛,控制器类似于人脑。另外,它们还有一个共同的特点,就是都要检测偏差,并根据检测到的偏差去纠正偏差,可见,没有偏差便没有调节过程。在自动控制系统中,这一偏差是通过反馈建立起来的。给定信号也称为激励,给定量也称为控制系统的输入量;被控制量称为系统的输出量,输出信号也称为响应。反馈就是指输出量通过适当的测量装置将信号全部或部分返回输入端,并与之同时作用于系统的过程。反馈量与输入量的比较结果称为偏差。因此,基于反馈基础上的"检测偏差,用以纠正偏差"的原理又称为反馈控制原理。利用反馈控制原理组成的系统称为反馈控制系统。实现自动控制的装置可各不相同,但反馈控制的原理却是相同的,可以说,反馈控制是实现自动控制最基本的方法。

1.2.2　开环控制与闭环控制

工业上用的控制系统,根据有无反馈作用又可分为两类:开环控制系统与闭环控制系统。

1. 开环控制系统

如果系统的输出端和输入端之间不存在反馈回路,输出量对系统的控制作用没有影响,这样的系统称为开环控制系统。图 1.3 表示了开环控制系统输入量与输出量之间的关系。

2. 闭环控制系统

反馈控制系统也称为闭环控制系统。这种系统的特点是系统的输出端和输入端之间存在反馈回路,即输出量对控制作用有直接影响。闭环的作用就是应用反馈来减少偏差。闭环控制突出的优点是精度高,不管出现什么干扰,只要被控制量的实际值偏离给定值,闭环控制就会产生控制作用来减小这一偏差。图 1.4 表示了闭环控制系统输入量、输出量和反馈量之间的关系。

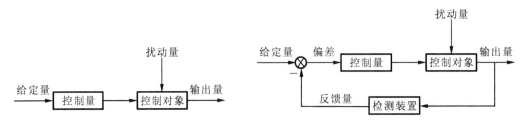

图 1.3 开环控制系统示意图 　　图 1.4 闭环控制系统示意图

闭环系统也有它的缺点:这类系统是通过检测偏差来纠正偏差,或者说是靠偏差进行控制。在工作过程中系统总会存在着偏差,由于元件的惯性(如负载的惯性等),很容易引起振荡,使系统不稳定。因此,精度和稳定性是在闭环系统中存在的一对矛盾。从稳定性的角度看,开环系统比较容易构造,结构也比较简单,因为开环系统一般不存在稳定性问题。

需要说明的是,有些机械动力学系统也可以画成具有反馈的方块图,但这个形式上的反馈若不是实际存在的输出量反馈,就不能称为反馈控制系统,但它可用反馈控制理论来分析。

1.2.3 反馈控制系统的基本组成

图 1.5 是一个典型反馈控制系统的示意图,该图表示了各元件在系统中的位置及其相互间的关系。由图 1.5 可以看出,一个典型的反馈控制系统主要包括反馈元件、给定元件、比较元件、放大元件、执行元件、控制对象及校正元件等。

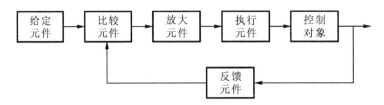

图 1.5 反馈控制系统组成

(1) 给定元件　它根据期望的输出量来进行输入信号规律的给定,即产生给定信号或输入信号。

(2) 反馈元件　它测量被控制量或输出量,产生反馈信号,该信号与输出量之间存在着确定的函数关系(通常为比例关系)。

(3) 比较元件　它用来比较输入信号和反馈信号之间的偏差,一般由差动连接电路实现。它往往不是一个专门的物理元件,有时也称为比较环节。而自整角机、旋转变压器、机械式差动装置都是物理意义上的比较元件。

(4) 放大元件　它是对偏差信号进行放大和功率放大的元件,如伺服功率放大器、电液伺服阀等。

(5) 执行元件　它是直接对控制对象进行操作的元件,如执行电动机、液压马达等。

(6) 控制对象　它是控制系统所要操纵的对象,如水箱、机床工作台等。控制对象的输出量即为系统的被控制量,如液位、工作台位移等。

此外,有的控制系统还含有校正元件,或称为校正装置,用以稳定、提高控制系统性能。

1.2.4　自动控制系统的分类

自动控制系统的类型很多,它们的结构类型和所需完成的任务也各不相同。

1. 按数学模型分

(1) 线性控制系统　组成控制系统的元件都具有线性特性的系统称为线性控制系统。这种系统的输入与输出的关系是线性的,符合叠加原理,一般可以用微分(差分)方程、传递函数、状态方程来描述其运动过程。线性系统的主要特点是满足叠加原理。

(2) 非线性控制系统　只要系统中含有一个元件具有非线性特性,系统不能用线性微分方程来描述,则该系统就称为非线性控制系统。非线性系统一般不具备叠加性。

2. 按时间概念分

(1) 定常系统　控制系统中所有的参数都不随时间而变化,这样的系统称为定常系统,其输入与输出关系可以用常系数的数学模型描述。若该定常系统为线性系统,则称为线性定常系统。

(2) 时变系统　若控制系统中的参数随时间的变化而变化,则这种系统称为时变系统。

实际中遇到的系统多少都有一些非线性和时变性,但多数都可以在一定的条件下合理地近似按线性定常系统处理。在经典控制论中研究的对象主要是单输入、单输出的线性定常控制系统。

3. 按信号的性质分

(1) 连续系统　若控制系统中各个参量的变化都是连续进行的,即系统中各处信号均为时间的连续函数,则该系统称为连续系统。

(2) 离散系统　若控制系统的给定量、反馈量、偏差量都是数字量,数值上不连续,时间上也是离散的,则该系统称为离散系统。这种系统一般有采样控制系统和数字控制系统两种,其测量、放大、比较、给定等信号的处理均由微处理机实现,主要特征是系统中含有采样开关或 D/A、A/D 转换装置。现在这种系统已随着微处理机的发展而日益增多。

4. 按给定量的运动规律分

(1) 恒值调节系统　这类系统的输入是不随时间而变化的常数。当系统在扰动作用下，被控制量偏离期望值时，其主要的控制任务是克服各种扰动的影响，使被控制量始终与给定输入要求值保持一致。例如，稳压电源、恒温系统、压力、流量等过程控制系统等都属于恒值调节系统。对于这类系统，分析重点在于克服扰动对输出量的影响。

(2) 程序控制系统　当系统输入量为给定的时间函数时，该系统称为程序控制系统。这种系统控制的主要目的是保证被控制量能够按给定的时间函数变化。如：对于热处理的升温过程，根据材料特性的要求，温度的升高必须按要求的时间函数进行；对于汽轮机启动时的升速过程，速度变化需按时间函数进行；等等。近年来，由于微处理机的应用，大量的数字程序控制系统投入了运行。

(3) 随动系统　若系统的给定量是时间的未知函数，即给定量的变化规律事先无法确定，要求输出量能够准确、快速地复现给定量，这样的系统称为随动系统，也称为伺服系统，如火炮自动瞄准系统、液压仿形刀架随动系统等。

除此以外，自动控制系统还可按系统参数特征分为集中参数系统和分布参数系统，按系统组成元件的物理性质分为电气控制系统、液压控制系统，按系统的被控量分为液位控制系统、转速控制系统、流量控制系统等。

1.2.5　对控制系统的基本要求

自动控制系统根据其控制目标的不同，要求也往往不一样。但自动控制技术是研究各类控制系统共同规律的一门技术，对控制系统有一些共同的要求，一般可归结为稳定性、准确性与快速性三个方面的要求。

(1) 系统的稳定性　由于系统存在着惯性，当系统的各个参数匹配不妥时，将会引起系统的振荡而使其失去正常工作的能力。稳定性就是指动态过程的振荡倾向和系统恢复平衡状态的能力。稳定性是保证系统正常工作的首要条件。

(2) 响应的准确性　这是指在调整过程结束后，实际输出量与希望输出量之间的误差，又称为稳态误差或稳态精度，这也是衡量系统工作性能的重要指标。例如，数控机床精度愈高，则加工精度也越高。一般恒温和恒速系统的控制精度都可在给定值的1％以内。

(3) 响应的快速性　这是在系统稳定的前提下提出的。快速性是指当系统输出量与给定量之间产生偏差时，消除这种偏差过程的快速程度。

综上所述，对控制系统的要求是稳、准、快。由于受控对象的具体情况不同，各种系统对稳、准、快的要求各有侧重。例如，随动系统对快速性要求较高，而调速系统则对稳定性有较严格的要求。同一系统的稳、准、快性能是相互制约的。快速性好，可能会有强烈振荡；改善了稳定性，控制过程可能又过于迟缓，精度也可能变差。如何分析并解决这些矛盾，也是本学科讨论的重要内容。对于机械动力学系统，首要的要求也是稳定性，因为过大的振荡将会使部件过载而损坏，此外还要降低噪声、增加刚度等，这些都是控制理论研究的主要内容。

1.3　本课程的特点与学习方法

　　本课程是一门技术基础课,以数学、物理及有关学科理论为基础,以机械工程中有关系统的动力学为研究对象,运用信息论、系统论和控制论的方法,建立起数理基础与专业课程之间的联系。本课程比较抽象,与理论力学、机械原理、电工电子学等技术基础课相比,概括性更强,涉及的范围更为广泛。

　　本课程几乎涉及机械工程类专业在学习本课程前所学的全部数学知识,特别是工程数学中的复变函数和积分变换知识,还要用到有关动力学的知识。因此学习本课程要求有良好的数学、力学、电学的基础,有一定的机械工程(包括机械制造)方面的专业知识,还要有一定的其他学科领域的知识。

　　在学习本课程时,既要重视抽象思维,了解一般规律,又要充分注意与实际相结合,联系专业,努力实践;既要重视理论基础,善于从个性中概括出共性,又要注意工程实践,善于从共性出发深刻分析了解个性,学习用控制论的方法去解决实际问题的思路。在学习的过程中,要重视实验、重视习题,尤其是要独立完成作业,要重视 MATLAB 的实践,这些都有助于对基本概念的理解与基本方法的运用。

　　控制理论不仅是一门重要的学科,还是一门卓越的方法论。它提出、思考、分析与解决问题的思想方法符合唯物辩证法,符合现代物理学前沿领域中的成就。"他山之石,可以攻玉",应将控制论与机械工程结合起来,运用控制论的理论与方法来考察、提出、分析与解决机械工程中的问题。这门学科毕竟还有不完善之处,因此在学习本课程时,更应该大胆地思考问题、提出问题、研究问题,运用学习中获得的信息来总结经验,指导学习,不为教材所束缚。

习　　题

1-1　控制论的中心思想是什么?简述其发展过程。

1-2　试述控制系统的工作原理。

1-3　何谓开环控制与闭环控制?试比较它们的优缺点。

1-4　在下列这些持续运动的过程中,都存在信息的传输与反馈,试选两个加以分析,要求给出被控制量、反馈的传递路径、执行环节、给定信号等。

　　(1)人骑自行车转弯;(2)人驾驶汽车保持速度不变;(3)行驶中的帆船。

1-5　反馈控制原理是什么?试用框图表示反馈控制系统的组成及各部分之间的连接关系。

1-6　试述自动控制系统的基本类型。

1-7　试述对控制系统的基本要求。

1-8　试说明如题 1-8 图所示液面控制系统的工作原理,画出系统原理图。

1-9　题 1-9 图所示为一恒温箱自动控制系统图。试分析该系统的工作原理,确定该系统的被控制对象和被控制量,并画出系统原理图。

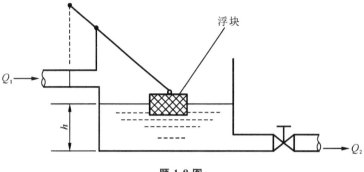

题 1-8 图

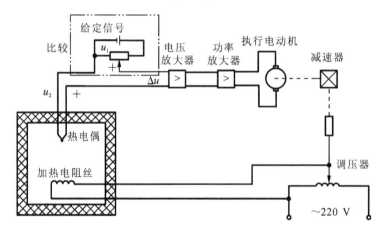

题 1-9 图

第 2 章　控制系统的数学模型

分析、研究一个控制系统,有必要了解其工作特性与运行规律。控制系统的数学模型蕴藏了系统输出与输入之间内在的客观规律,通过建立系统的数学模型,并对其分析研究,就可以描述系统的动态性能,揭示系统的结构、参数与动态性能之间的关系。本章运用机理建模法根据系统和元件所遵循的有关定律来建立系统的数学模型,并在此基础上对控制系统进行分析。

2.1　物理系统动态描述

微分方程是在时域中描述系统(或元件)动态特性的数学模型,利用它可以得到描述系统(或元件)动态特性的其他形式的数学模型。建立系统数学模型通常有机理建模和实验建模两种方法。机理建模法就是根据系统和元件所遵循的有关定律(如牛顿定律、胡克定律、欧姆定律等)和内在机理来推导出数学表达式,从而建立数学模型的方法。实验建模法就是通过给系统施加一定的输入,用仪表记录表征对象特性的物理量,按照物理量随时间的变化规律,得到一系列实验数据和曲线,从而表征其特性的方法。这里主要运用机理建模法对常见的机械、电气等物理系统建立其数学模型。

2.1.1　机械系统微分方程

机械系统的微分方程可以运用牛顿定律进行推导。下面通过举例说明机械系统微分方程的求取方法。

例 2-1　设有一个由弹簧、质量、阻尼器组成的机械平移系统,如图 2.1 所示。试列写出系统的数学模型。

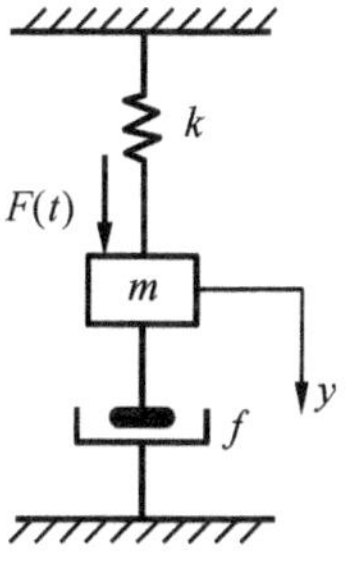

解　由牛顿第二定律有 $ma(t) = \sum F(t)$,即

$$m\frac{d^2 y(t)}{dt^2} = F(t) - F_f(t) - F_k(t)$$
$$= F(t) - f\frac{dy(t)}{dt} - ky(t)$$

整理得　　$\dfrac{m}{k}\dfrac{d^2 y(t)}{dt^2} + \dfrac{f}{k}\dfrac{dy(t)}{dt} + y(t) = \dfrac{1}{k}F(t)$　　(2-1)

式中:m——运动物体的质量,kg;

y——运动物体位移,m;

图 2.1　机械平移系统

f——阻尼器黏性阻尼系数，$N·s/m$；

$F_f(t)$——阻尼器黏滞摩擦阻力，它的大小与物体移动的速度成正比，方向与物体移动的方向相反，$F_f(t)=f\dfrac{dy(t)}{dt}$；

k——弹簧刚度系数，N/m；

$F_k(t)$——弹簧的弹性力，它的大小与物体位移（弹簧拉伸长度）成正比，$F_k(t)=ky(t)$。

运动方程式(2-1)即为此机械平移系统的数学模型。

例 2-2 设有一个由惯性负载和黏性摩擦阻尼器组成的机械回转系统，如图 2.2 所示。外力矩 $M(t)$ 为输入信号，角位移 $\theta(t)$ 为输出信号，试写出系统的数学模型。

解 由牛顿第二定律，有 $J\ddot{\theta}(t)=\sum M(t)$，即

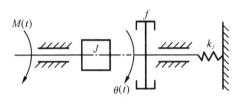

图 2.2 机械回转系统

$$J\dfrac{d^2\theta(t)}{dt^2}=M(t)-M_f(t)=M(t)-f\dfrac{d\theta(t)}{dt}$$

整理得

$$J\dfrac{d^2\theta(t)}{dt^2}+f\dfrac{d\theta(t)}{dt}=M(t) \tag{2-2}$$

式中：J——惯性负载的转动惯量，$kg·m^2$；

θ——转角，rad；

f——黏性摩擦阻尼器的黏滞阻尼系数，$N·m·s/rad$。

运动方程式(2-2)就是此机械旋转系统的数学模型。

例 2-3 设有如图 2.3 所示的齿轮传动链，试对该传动链进行动力学分析。

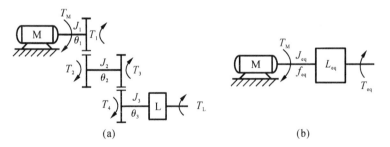

图 2.3 齿轮传动链

(a) 原始轮系；(b) 等效轮系

解 由电动机 M 输入的转矩为 T_M，L 为输出端负载，T_L 为负载转矩，z_i 为各齿轮齿数，$J_1、J_2、J_3$ 及 $\theta_1、\theta_2、\theta_3$ 分别为各轴及相应齿轮的转动惯量和转角。

假设各轴均为绝对刚性，即 $k_J\to\infty$，根据牛顿第二定律式可得如下动力学方程组

$$T_M = J_1\ddot{\theta}_1 + f_1\dot{\theta}_1 + T_1 \\ T_2 = J_2\ddot{\theta}_2 + f_2\dot{\theta}_2 + T_3 \\ T_4 = J_3\ddot{\theta}_3 + f_3\dot{\theta}_3 + T_L \} \quad (2\text{-}3)$$

式中：f_1、f_2、f_3——传动中各轴及齿轮的黏性阻尼系数；

T_1——齿轮 z_1 对 T_M 的反转矩，N·m；

T_2——齿轮 z_2 对 T_1 的反转矩，N·m；

T_3——齿轮 z_3 对 T_2 的反转矩，N·m；

T_4——齿轮 z_4 对 T_3 的反转矩，N·m；

T_L——输出端负载对 T_4 的反转矩，即负载转矩。

由齿轮传动的基本关系可知

$$T_2 = \frac{z_2}{z_1}T_1, \quad \theta_2 = \frac{z_1}{z_2}\theta_1, \quad T_4 = \frac{z_4}{z_3}T_3, \quad \theta_3 = \frac{z_3}{z_4}\theta_2 = \frac{z_1 z_3}{z_2 z_4}\theta_1$$

于是由式(2-3)可得

$$T_M = J_1\ddot{\theta}_1 + f_1\dot{\theta}_1 + \frac{z_1}{z_2}\left[J_2\ddot{\theta}_2 + f_2\dot{\theta}_2 + \frac{z_3}{z_4}(J_3\ddot{\theta}_3 + f_3\dot{\theta}_3 + T_L)\right]$$

$$= \left[J_1 + \left(\frac{z_1}{z_2}\right)^2 J_2 + \left(\frac{z_1 z_3}{z_2 z_4}\right)^2 J_3\right]\ddot{\theta}_1 + \left[f_1 + \left(\frac{z_1}{z_2}\right)^2 f_2 + \left(\frac{z_1 z_3}{z_2 z_4}\right)^2 f_3\right]\dot{\theta}_1 + \left(\frac{z_1 z_3}{z_2 z_4}\right)T_L \quad (2\text{-}4)$$

令 $J_{eq} = J_1 + \left(\frac{z_1}{z_2}\right)^2 J_2 + \left(\frac{z_1 z_3}{z_2 z_4}\right)^2 J_3$，$J_{eq}$ 称为等效转动惯量；

令 $f_{eq} = f_1 + \left(\frac{z_1}{z_2}\right)^2 f_2 + \left(\frac{z_1 z_3}{z_2 z_4}\right)^2 f_3$，$f_{eq}$ 称为等效阻尼系数；

令 $T_{Leq} = \left(\frac{z_1 z_3}{z_2 z_4}\right)T_L$，$T_{Leq}$ 称为等效输出转矩。

则有
$$T_M = J_{eq}\ddot{\theta}_1 + f_{eq}\dot{\theta}_1 + T_{Leq} \quad (2\text{-}5)$$

则图 2.3(a)所示传动装置可简化为图 2.3(b)所示的等效齿轮传动装置。

2.1.2 电气系统的微分方程

电气系统的微分方程根据欧姆定律、基尔霍夫定律、电磁感应定律等物理定律来进行建立，下面通过举例来说明具体方法。

例 2-4 图 2.4 所示为一 RC 电路，试写出以输出电压 $u_o(t)$ 和输入电压 $u_i(t)$ 为变量的滤波网络的微分方程。

解 根据基尔霍夫定律，可写出下列原始方程式：

$$\begin{cases} i(t)R + \frac{1}{C}\int i(t)\mathrm{d}t = u_i(t) \\ \frac{1}{C}\int i(t)\mathrm{d}t = u_o(t) \end{cases} \quad (2\text{-}6)$$

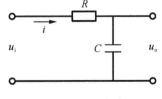

图 2.4 RC 电路

消去中间变量 $i(t)$ 后得到

$$RC \frac{\mathrm{d}u_\mathrm{o}(t)}{\mathrm{d}t} + u_\mathrm{o}(t) = u_\mathrm{i}(t) \tag{2-7}$$

式(2-7)就是所求系统的微分方程。

由以上讨论,可以将建立微分方程的一般步骤总结如下。

(1) 确定系统或各元件的输入量、输出量,依据各元件的输入、输出量,按照基本物理定律(如基尔霍夫定律、牛顿定律、守恒定律等)对各元件建立动态微分方程。

(2) 消除所列各微分方程的中间变量,得到描述系统的输入量、输出量之间关系的微分方程。书写微分方程时,通常的做法是将含输入变量的项写在等号右边,含输出变量的项及常数项写在等号左边。

以上所讨论的系统均具有线性微分方程,因此都为线性系统。对于微分方程式的系数均为常数的一般系统,称为线性定常(或线性时不变)系统。线性系统具有以下特性。

(1) 叠加性　线性系统满足叠加原理,即几个外作用施加于系统所产生的总响应等于各个外作用单独作用时产生的响应之和。

(2) 均匀性　线性系统具有均匀性,就是说当加于同一线性系统的外作用数值增大几倍时,系统的响应亦相应地增大几倍。

在线性系统分析中,线性系统的叠加性和均匀性是很重要的两个特性。

2.2 非线性系统及其数学模型的线性化

2.2.1 非线性系统

系统或元件的输出与输入间的关系不满足叠加性原理及均匀性原理的,即为非线性系统或元件。其输出量的变化规律还与输入量的数值有关,这就使得非线性问题的求解非常复杂。系统中只要含有一个非线性元件,该系统就成为一个非线性系统。机械系统的基本特点之一,是各物理量之间的许多关系都不是线性的,而是非线性的。因此,研究机械系统的一些动态性能时,必须考虑系统中的非线性特性。许多机电、液压与气动等系统中变量间的关系,如元件的死区、传动间隙及摩擦、在大输入信号作用下元件的输出量的饱和,以及元件的其他非线性函数关系等都是非线性关系。

判别系统的数学模型微分方程是否是非线性的,可视其中的函数及其各阶导数而定,如出现高于一阶的项,或导数项的系数是输出变量的函数,则此微分方程是非线性的。

机械系统中常见的一些非线性特性举例如下。

(1) 传动间隙　由齿轮及丝杠螺母副组成的机床进给传动系统中,经常存在传动间隙 Δ(见图 2.5),使输入转角 x_i 和输出位移 x_o 间有滞环关系。只有消除了传动间隙,x_i 与 x_o 才具有线性关系。

(2) 死区　在死区范围内,有输入而无输出动作。负开口液压伺服阀具有典型死区特性,如图 2.6 所示。

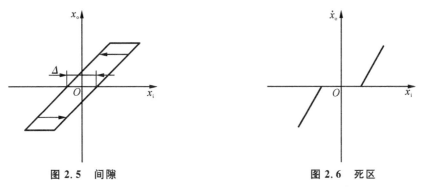

图 2.5　间隙　　　　　　　　　　图 2.6　死区

(3) 摩擦力　机械滑动运动副,如机床滑动导轨运动副、主轴套筒运动副、活塞液压缸运动副等,在运动中都存在摩擦力。若假定为干摩擦力(也称库仑摩擦力),如图 2.7 所示,其大小为 f,方向总是和速度 $\dot{x}$ 的方向相反。实际上,运动副中的摩擦力与运动速度的大小及其方向有关,如图 2.8 所示。图中曲线可大致分为起始点的静动摩擦力、低速时混合摩擦力(摩擦力呈下降特性),以及黏性摩擦力(摩擦力随速度的增加而增加)。

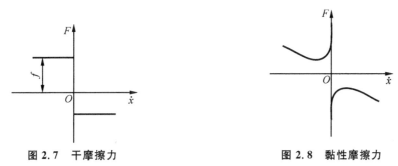

图 2.7　干摩擦力　　　　　　　　图 2.8　黏性摩擦力

由以上各种非线性性质可以看出,在工作点附近存在着的不连续直线、跳跃、折线,以及非单值关系等严重非线性性质,称为本质非线性性质。在建立数学模型时,为得到线性方程,只能略去这些因素,得到近似解。若这种略去及近似带来的误差较大,那就只能用复杂的非线性处理方法来求解了。

不是像以上所说的严重非线性性质,称为非本质非线性性质。对于这种非线性性质,就可以在工作点附近用切线来代替。这时的线性化只有变量在其工作点附近作微小变化,即变量发生微小偏差时,误差才不致太大。非线性微分方程经线性化处理后,就变成线性微分方程了,可以采用普通的线性处理方法来分析和设计系统。

2.2.2　线性化方法——泰勒级数展开法

通常系统在正常工作时,都有一个预定工作点,即系统处于这一平衡位置。当系统受到扰动后,系统变量就会偏离预定点,也就是系统变量产生了不大的偏差。此时自动调节系统将进行调节,力图使偏离的系统变量达到平衡位置。因此,只要非线性函数的这一变量在预定工作点处有导数或偏导数存在,就可以在预定工作点附近将此非线性函数展成泰勒级数。

对于非线性函数 $f(x)$ 及 $f(x,y)$，假定系统的预定工作点为原点，在该点附近将函数展成泰勒级数，并认为偏差是微小量，因而略去高于一次微增量的项，所得到的近似线性函数为

$$f(x) \approx f(x_0) + \left(\frac{df}{dx}\right)_0 \Delta x \tag{2-8}$$

$$f(x,y) \approx f(x_0,y_0) + \left(\frac{\partial f}{\partial x}\right)_0 \Delta x + \left(\frac{\partial f}{\partial y}\right)_0 \Delta y \tag{2-9}$$

从式(2-8)、式(2-9)中分别减去静态方程式，得到以增量表示的方程为

$$\Delta f(x) \approx \left(\frac{df}{dx}\right)_0 \Delta x \tag{2-10}$$

$$\Delta f(x,y) \approx \left(\frac{\partial f}{\partial x}\right)_0 \Delta x + \left(\frac{\partial f}{\partial y}\right)_0 \Delta y \tag{2-11}$$

式(2-10)及式(2-11)就是非线性函数的线性化表达式，在应用中需注意以下几点。

(1) 式中的变量不是绝对量，而是增量。公式称为增量方程式。

(2) 预定工作点(额定工作点)若看做是系统广义坐标的原点，则有 $x_0=0, y_0=0$，$f(x_0,y_0)=0, \Delta x=x-x_0, \Delta y=y-y_0=y$，因而将式(2-10)、式(2-11)中的"$\Delta$"去掉，增量可写为绝对量，公式中的变量就为绝对量了。

(3) 若预定工作点不是系统冠以坐标的原点，这是普遍的情况。又系统的非线性微分方程 $f(x)=f_1(x)+f_2(x)$(假定变量只有 x)中仅 $f_2(x)$ 为非线性项，那么把 $f_2(x)$ 用式(2-10)线性化后，由于 $f_2(x)$ 成为增量方程式，则必须把 $f(x)$ 及 $f_1(x)$ 的变量改为增量，以组成系统的线性化微分方程。

(4) 当增量并不很小而进行线性化时，为了验证容许的误差值，需要分析泰勒公式中的余项。

2.3 传递函数的概念与典型环节的传递函数

控制系统的微分方程是在时间域内描述系统动态性能的数学模型。通过求解描述系统的微分方程，可以把握其运动规律。但计算量烦琐，尤其是对于高阶系统，难以根据微分方程的解，找到改进控制系统品质的有效方案。在拉普拉斯(拉氏)变换的基础上，引入描述系统线性定常系统(或元件)在复数域中的数学模型——传递函数，不仅可以表征系统的动态特性，而且可以借以研究系统的结构或参数变化对系统性能的影响。经典控制理论中广泛应用的频率法和根轨迹法都是在传递函数的基础上建立起来的。本节首先讨论传递函数的基本概念及其性质，在此基础上介绍典型环节的传递函数。

2.3.1 传递函数的概念

设有线性定常系统，若输入为 $x_i(t)$，输出为 $x_o(t)$，则系统微分方程的一般形式为

$$a_n \frac{d^n x_o(t)}{dt^n} + a_{n-1} \frac{d^{n-1} x_o(t)}{dt^{n-1}} + \cdots + a_0 x_o(t) = b_m \frac{d^m x_i(t)}{dt^m} + b_{m-1} \frac{d^{m-1} x_i(t)}{dt^{m-1}} + \cdots + b_0 x_i(t)$$

式中：$n \geqslant m$；a_n，$b_m (n, m = 0, 1, 2\cdots)$ 均为实数。

在零初始条件下，即当外界输入作用前，输入、输出的初始条件 $x_i(0^-)$，$x_i^{(1)}(0^-)$，$\cdots$，$x_i^{(m-1)}(0^-)$ 和 $x_o(0^-)$，$x_o^{(1)}(0^-)$，$\cdots$，$x_o^{(n-1)}(0^-)$ 均为零时，对上式作拉氏变换可得

$$(a_n s^n + a_{n-1} s^{n-1} + \cdots + a_1 s + a_0) X_o(s) = (b_m s^m + b_{m-1} s^{m-1} + \cdots + b_1 s + b_0) X_i(s)$$

在外界输入作用前，输入、输出的初始条件为零时，线性定常系统的输出 $x_o(t)$ 的拉氏变换 $X_o(s)$ 与输入 $x_i(t)$ 的拉氏变换 $X_i(s)$ 之比，称为线性定常系统的传递函数 $G(s)$。

由此可得

$$G(s) = \frac{L[x_o(t)]}{L[x_i(t)]} = \frac{X_o(s)}{X_i(s)} = \frac{b_m s^m + b_{m-1} s^{m-1} + \cdots + b_1 s + b_0}{a_n s^n + a_{n-1} s^{n-1} + \cdots + a_1 s + a_0} \quad (n \geqslant m)$$

则

$$X_o(s) = G(s) X_i(s)$$

需要指出的是，如无特别说明，一般将外界输入作用前的输出初始条件 $x_o(0^-)$，$x_o^{(1)}(0^-)$，$\cdots$，$x_o^{(n-1)}(0^-)$ 称为系统的初始状态，简称为初态。

例 2-5 求图 2.1 所示机械平移系统的传递函数。

解 已知该系统的微分方程为

$$\frac{m}{k} \frac{d^2 y(t)}{dt^2} + \frac{f}{k} \frac{dy(t)}{dt} + y(t) = \frac{1}{k} F(t)$$

设初始条件为零，对上式进行拉氏变换得

$$\frac{m}{k} s^2 Y(s) + \frac{f}{k} s Y(s) + Y(s) = \frac{1}{k} F(s)$$

由定义可得机械平移系统的传递函数为

$$G(s) = \frac{Y(s)}{F(s)} = \frac{1/k}{\frac{m}{k} s^2 + \frac{f}{k} s + 1} = \frac{1}{ms^2 + fs + k} \quad (2-12)$$

2.3.2 传递函数的性质

由线性定常系统传递函数的定义可以分析得知传递函数具有下列性质。

（1）系统（或元件）的传递函数是一种描述其动态特性的数学模型，它和系统（或元件）的运动方程式一一对应。若给定系统（或元件）的运动方程式，则可确定与之相对应的传递函数。

（2）传递函数是复变量 s 的有理真分式函数，$s = \sigma + j\omega$，其中 σ 为实部，$j\omega$ 为虚部。分子的阶数 m 低于分母的阶数 n，且所有系数均为实数。$m \leqslant n$，这是由于物理系统具有惯性的缘故；各系数均为实数，是因为它们都是系统元件参数的函数，而元件参数只能是实数。

（3）传递函数只与系统（或元件）本身的内部结构有关，与输入信号和初始条件无关，即传递函数只表征系统（或元件）本身的特性。

(4) 一定的传递函数有一定的零点、极点分布图与之对应,传递函数的零点、极点分布图也表征了系统的动态特性。将传递函数定义式中的分母、分子多项式分解后,可以得到

$$G(s) = \frac{C(s)}{R(s)} = k\frac{(s+z_1)(s+z_2)\cdots(s+z_m)}{(s+p_1)(s+p_2)\cdots(s+p_n)}$$

(5) 一个传递函数只能表示一个输入对一个输出的函数关系,如果传递函数已知,则可针对各种不同形式的输入量研究系统的输出或响应。如果传递函数未知,则可通过引入已知输入量并研究系统输出量的实验方法,确定系统的传递函数。

(6) 传递函数与脉冲响应函数一一对应。脉冲响应函数 $g(t)$ 是系统在单位脉冲输入量 $\delta(t)$ 作用下的输出。因为单位脉冲输入时,$R(s)=L[\delta(t)]=1$,因此,系统的输出 $C(s)=G(s) \cdot R(s)=G(s)$。而 $C(s)$ 的拉氏变换即为脉冲函数 $g(t)$,它正好等于传递函数的拉氏反变换,即 $L^{-1}[C(s)]=L^{-1}[G(s)]=g(t)$。因此,系统的脉冲响应 $g(t)$ 与系统的传递函数 $G(s)$ 有单值函数对应关系,都可以用于表征系统的动态特性。

2.3.3 典型环节的传递函数

由于控制系统的微分方程往往是高阶的,因此其传递函数也往往是高阶的。不管控制系统的阶次有多高,均可化为一阶、二阶的有限个典型环节,如比例环节、惯性环节、微分环节、积分环节、振荡环节和延时环节等。熟悉掌握这些环节的传递函数,有助于对复杂系统的分析与研究。

1. 比例环节

比例环节又称为放大环节,其输出量与输入量成正比,输出不失真也不延迟,而是按比例反映输入的环节称为比例环节,即

$$x_o(t) = kx_i(t)$$

式中:$x_o(t)$——输出量;

$x_i(t)$——输入量;

k——环节的放大系数或增益(常数)。

传递函数为

$$G(s) = \frac{X_o(s)}{X_i(s)} = k$$

如图 2.9 所示的为运算放大器,其输出电压 $u_o(t)$ 与输入电压 $u_i(t)$ 之间有如下关系:

$$u_o(t) = \frac{-R_2}{R_1}u_i(t)$$

式中:R_1、R_2——电阻。经拉氏变换后得其传递函数为

$$G(s) = \frac{U_o(s)}{U_i(s)} = -\frac{R_2}{R_1} = k$$

2. 惯性环节

惯性环节又称非周期环节(或一阶惯性环节),这类环节因含有储能元件,所以对突变形式的输入信号

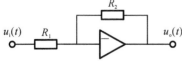

图 2.9 运算放大器

不能立即输送出去。凡动力学方程为一阶微分方程 $T\dfrac{\mathrm{d}x_\mathrm{o}(t)}{\mathrm{d}t}+x_\mathrm{o}(t)=x_\mathrm{i}(t)$ 形式的环节，称为惯性环节，其传递函数为

$$G(s)=\dfrac{1}{Ts+1}$$

式中：T——惯性环节的时间常数，$T=RC$。

例 2-6 例 2-4 中的 RC 电路，$u_\mathrm{i}(t)$ 为输入电压，$u_\mathrm{o}(t)$ 为输出电压，试求其传递函数。

解 由式(2-7)知

$$RC\dfrac{\mathrm{d}u_\mathrm{o}(t)}{\mathrm{d}t}+u_\mathrm{o}(t)=u_\mathrm{i}(t)$$

经拉氏变换后，得

$$RCsU_\mathrm{o}(s)+U_\mathrm{o}(s)=U_\mathrm{i}(s)$$

故传递函数为

$$G(s)=\dfrac{U_\mathrm{o}(s)}{U_\mathrm{i}(s)}=\dfrac{1}{Ts+1}$$

3. 微分环节

凡具有输出正比于输入的微分的环节，称为微分环节，即

$$x_\mathrm{o}(t)=Tx_\mathrm{i}(t)$$

其传递函数为

$$G(s)=\dfrac{X_\mathrm{o}(s)}{X_\mathrm{i}(s)}=Ts$$

式中：T——微分时间常数。

如液压油缸的流量与活塞的位移关系为

$$q(t)=A\dot{x}(t)$$

故流量对位移的传递函数为

$$\dfrac{Q(s)}{X(s)}=As$$

4. 积分环节

凡具有输出正比于输入的积分的环节，称为积分环节，即

$$x_\mathrm{o}(t)=\dfrac{1}{T}\int x_\mathrm{i}(t)\mathrm{d}t$$

其传递函数为

$$G(s)=\dfrac{X_\mathrm{o}(s)}{X_\mathrm{i}(s)}=\dfrac{1}{Ts}$$

式中：T——积分环节的时间常数。

液压缸活塞位移对流量的传递关系即为积分环节，有

$$x(t)=\dfrac{1}{A}\int q(t)\mathrm{d}t$$

其传递函数为

$$G(s) = \frac{X(s)}{Q(s)} = \frac{1}{As}$$

5. 一阶微分环节

描述一阶微分环节输出、输入间的微分方程的形式为

$$x_o(t) = T\dot{x}_i(t) + x_i(t)$$

其传递函数为

$$G(s) = \frac{X_o(s)}{X_i(s)} = Ts + 1$$

6. 振荡环节

振荡环节含有两种储能元件,在信号传递过程中,因能量的转换,其输出带有振荡的性质。其微分方程为

$$m\ddot{y}(t) + f\dot{y}(t) + ky(t) = x(t)$$

图 2.10 所示振荡环节的传递函数为

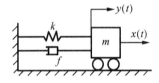

图 2.10 振荡环节

$$G(s) = \frac{Y(s)}{X(s)} = \frac{1}{ms^2 + fs + k}$$

$$= \frac{1}{k} \frac{1}{\frac{s^2}{\omega_n^2} + \frac{2\xi}{\omega_n}s + 1} = \frac{1}{k} \frac{\omega_n^2}{s^2 + 2\xi\omega_n s + \omega_n^2}$$

其中,

$$\omega_n = \sqrt{\frac{k}{m}}, \quad \xi = \frac{f}{2}\sqrt{\frac{1}{mk}}$$

振荡环节为二阶环节,通常其传递函数可写成

$$G(s) = \frac{\omega_n^2}{s^2 + 2\xi\omega_n s + \omega_n^2} \quad 或 \quad G(s) = \frac{1}{T^2 s^2 + 2\xi Ts + 1}$$

式中:ω_n——无阻尼固有频率;

T——振荡环节的时间常数,$T = 1/\omega_n$;

ξ——阻尼比,$0 \leq \xi < 1$。

例 2-7 图 2.1 所示为一质量-弹簧-阻尼器系统,其位能和动能可以相互转换,是一个典型机械振荡环节。试求该系统的传递函数。

解 由例 2-1 可知,系统的力平衡方程式为

$$\frac{m}{k} \frac{d^2 y(t)}{dt^2} + \frac{f}{k} \frac{dy(t)}{dt} + y(t) = \frac{1}{k} F(t)$$

令

$$T = \sqrt{\frac{m}{k}}, \quad \xi = \frac{f}{2\sqrt{mk}}$$

则上式经拉氏变换后,可得系统传递函数为

$$G(s) = \frac{Y(s)}{F(s)} = \frac{1}{k} \frac{1}{T^2 s^2 + 2\xi Ts + 1}$$

7. 二阶微分环节

描述二阶微分环节输出、输入间的微分方程具有此形式：

$$x_o(t) = T^2 \ddot{x}_i(t) + 2\xi T \dot{x}_i(t) + x_i(t)$$

其传递函数为

$$G(s) = \frac{X_o(s)}{X_i(s)} = T^2 s^2 + 2\xi T s + 1$$

8. 延时环节

延时环节（或称迟延环节）是输出滞后输入时间，但不失真地反映输入的环节。具有延时环节的系统称为延时系统。延时环节的输入 $x_i(t)$ 与输出 $x_o(t)$ 之间有如下关系，即

$$x_o(t) = x_i(t - \tau)$$

式中：τ——延迟时间。

延时环节也是线性环节，它符合叠加原理。延时环节的传递函数为

$$G(s) = \frac{L[x_o(t)]}{L[x_i(t)]} = \frac{L[x_i(t-\tau)]}{L[x_i(t)]} = \frac{X_i(s)\mathrm{e}^{-\tau s}}{X_i(s)} = \mathrm{e}^{-\tau s}$$

延时环节与惯性环节不同，惯性环节的输出需要延迟一段时间才接近于所要求的输出量，但延时环节从输入开始时刻起就已有了输出。延时环节在输入开始的时间 τ 内并无输出，在经过时间 τ 后，输出就完全等于从初始的输入，且不再有其他滞后过程。简言之，输出等于输入，只是在时间上延时了一段时间 τ。

当延时环节受到阶跃信号作用时，其特性如图 2.11 所示。

如图 2.12 所示为轧钢时的带钢厚度检测示意图。带钢在 A 点轧出时，产生厚度偏差 Δh_1（图中的带钢厚度为 $h + \Delta h_1$，其中 h 为要求的理想厚度）。但是，这一厚度偏差在到达 B 点时才为测厚仪所检测到。测厚仪检测到的带钢厚度偏差 Δh_2 即为其输出信号 $x_o(t)$。若测厚仪距机架的距离为 L，带钢速度为 v，则延迟时间为 $\tau = L/v$。故测厚仪输出信号 Δh_2 与厚度偏差这一输入信号 Δh_1 之间有如下关系：

$$\Delta h_2 = \Delta h_1(t - \tau)$$

此式表示，在 $t < \tau$ 时，$\Delta h_2 = 0$，即测厚仪不反映 Δh_1 的量。这里，Δh_1 为延时环节的输入量，Δh_2 为其输出量。故有

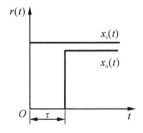

图 2.11 延时环节输入、输出关系

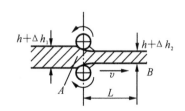

图 2.12 轧钢时带钢厚度检测示意图

$$x_o(t) = x_i(t-\tau)$$

因而有

$$G(s) = \frac{X_o(s)}{X_i(s)} = e^{-\tau s}$$

2.4 系统框图及其简化

一个系统由若干环节按一定的关系组成,将这些环节以方框表示,其间用相应的变量及信号流向联系起来,就构成了系统的方框图。系统方框图具体而形象地表示了系统内部各环节的数学模型、各变量之间的相互关系及信号流向。事实上系统方框图是系统数学模型的一种图解表示方法,它提供了关于系统动态性能的有关信息,并且可以揭示和评价每个组成环节对系统的影响。根据方框图,通过一定的运算变换可求得系统传递函数。可见,方框图有利于系统的描述、分析、计算,因而被广泛地应用。

2.4.1 方框图的结构要素

1. 函数方框

函数方框是传递函数的图解表示,如图 2.13 所示。

图中,指向方框的箭头表示输入,离开方框的箭头表示输出,方框中表示的是输入、输出之间的环节的传递函数。所以,方框的输出应是方框中的传递函数乘以其输入,即

$$X_o(s) = G(s)X_i(s)$$

应当指出,输出信号的量纲等于输入信号的量纲与传递函数量纲的乘积。

2. 比较点

比较点是两个或两个以上输入信号之间的代数求和运算元件,也称为比较器,如图 2.14 所示。

在比较点处,输出(用离开相加点的箭头表示)信号等于各输入(用指向相加点的箭头表示)信号的代数和,每一个指向相加点的箭头前方的"+"号或"-"号表示该输入信号在代数运算中的符号。在相加点处加、减的信号必须是同种变量,运算时的量纲也要相同。相加点可以有多个输入,但输出是唯一的。

3. 分支点

分支点表示同一信号向不同方向的传递,如图 2.15 所示。

在分支点引出的信号不仅量纲相同,而且数值也相等。

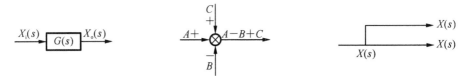

图 2.13 系统传递函数框图　　图 2.14 相加点示意图　　图 2.15 分支点示意图

2.4.2 方框图的构成方式与运算法则

系统各环节之间一般有串联、并联和反馈连接三种基本连接方式,框图运算法则是用于指导求取不同连接方式下框图的等效传递函数的方法。

1. 串联环节

前一环节的输出为后一环节的输入的连接方式称为环节的串联,如图2.16所示。

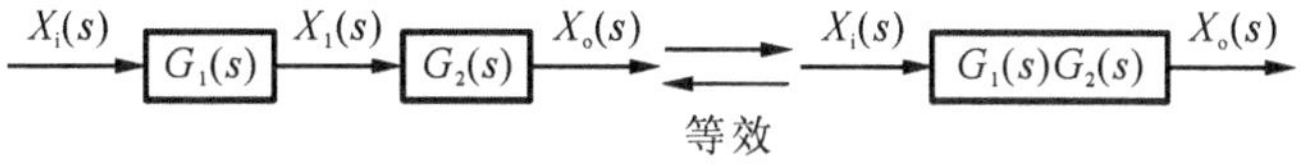

图 2.16 串联环节等效变换

当各环节之间不存在(或可忽略)负载效应时,则串联后的传递函数为

$$G(s) = \frac{X_o(s)}{X_i(s)} = \frac{X_1(s)}{X_i(s)} \frac{X_o(s)}{X_1(s)} = G_1(s)G_2(s)$$

故环节串联时框图的等效传递函数等于各串联环节的传递函数之积。当系统由 n 个环节串联时,系统的传递函数为

$$G(s) = \prod_{i=1}^{n} G_i(s)$$

式中:$G_i(s)$——第 i 个串联环节的传递函数$(i=1,2,\cdots,n)$。

2. 并联环节

各环节的输入相同、输出为各环节输出的代数和的连接方式称为环节的并联,如图2.17所示,有

$$G(s) = \frac{X_o(s)}{X_i(s)} = \frac{X_{o1}(s)}{X_i(s)} \pm \frac{X_{o2}(s)}{X_i(s)} = G_1(s) \pm G_2(s)$$

故环节并联时框图的等效传递函数等于各并联环节的传递函数之和。推广到 n 个环节并联,则总的传递函数等于各并联环节传递函数的代数和,即

$$G(s) = \sum_{i=1}^{n} G_i(s)$$

式中:$G_i(s)$——第 i 个并联环节的传递函数$(i=1,2,\cdots,n)$。

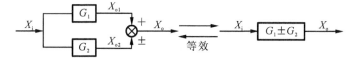

图 2.17 并联环节等效变换

3. 反馈连接

将系统或某一环节的输出量,全部或部分地通过反馈回路返回到输入端,又重新输入到系统中去的连接方式称为反馈连接,如图2.18所示。反馈连接实际上也是闭环系统传递函数方框图的最基本形式。对于单输入作用的闭环系统,无论组成系统的环节有多复

杂,其传递函数方框图总可以简化成图 2.18 所示的基本形式。

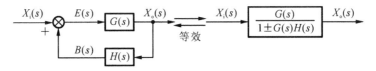

图 2.18 反馈连接的等效变换

图 2.18 中,$G(s)$ 称为前向通道传递函数,它是输出 $X_o(s)$ 与偏差 $E(s)$ 之比,即

$$G(s) = \frac{X_o(s)}{E(s)}$$

$H(s)$ 称为反馈回路传递函数,即

$$H(s) = \frac{B(s)}{X_o(s)}$$

前向通道传递函数 $G(s)$ 与反馈回路传递函数 $H(s)$ 之乘积,定义为系统的开环传递函数 $G_k(s)$,它也是反馈信号 $B(s)$ 与偏差 $E(s)$ 之比,即

$$G_k(s) = \frac{B(s)}{E(s)} = G(s)H(s)$$

对开环传递函数可以这样理解:封闭回路在相加点断开以后,以 $E(s)$ 作为输入,经 $G(s)$、$H(s)$ 而产生输出 $B(s)$,可以认为此输出与输入的比值 $B(s)/E(s)$ 是一个无反馈的开环系统的传递函数。由于 $B(s)$ 与 $E(s)$ 在相加点的量纲相同,因此,开环传递函数无量纲,而且 $H(s)$ 的量纲是 $G(s)$ 的量纲的倒数。

输出信号 $X_o(s)$ 与输入信号 $X_i(s)$ 之比,定义为系统的闭环传递函数 $G_b(s)$,即

$$G_b(s) = \frac{X_o(s)}{X_i(s)}$$

由图可知

$$E(s) = X_i(s) \mp B(s) = X_i(s) \mp X_o(s)H(s)$$
$$X_o(s) = G(s)E(s) = G(s)[X_i(s) \mp X_o(s)H(s)] = G(s)X_i(s) \mp G(s)X_o(s)H(s)$$

由此可得

$$G_b(s) = \frac{X_o(s)}{X_i(s)} = \frac{G(s)}{1 \pm G(s)H(s)}$$

故反馈连接时,框图的等效传递函数为前向通道传递函数除以 1 加(或减)前向通道传递函数与反馈回路传递函数的乘积。

闭环传递函数的量纲取决于 $X_o(s)$ 与 $X_i(s)$ 的量纲,两者可以相同也可以不同。若反馈回路传递函数 $H(s)=1$(称为单位反馈),此时有

$$G_b(s) = \frac{G(s)}{1 \pm G(s)}$$

2.4.3 相加点与分支点的移动法则

为便于计算分析,常需要对比较复杂的系统框图结构(如多回路、多个输入信号等)进

行变换、组合和简化,以便求出总的传递函数,并有利于分析各输入信号对系统性能的影响。在对框图进行简化时,有两条基本原则:

(1) 变换前与变换后前向通道中传递函数的乘积必须保持不变;

(2) 变换前与变换后回路中传递函数的乘积必须保持不变。

表 2.1 列出了框图变换过程中,分支点与相加点的移动规则。

表 2.1 分支点与相加点的移动规则

序号	原框图	等效框图	说明
1			加法交换律
2			加法结合率
3			乘法交换律
4			乘法结合率
5			并联环节简化
6			相加点前移
7			相加点后移
8			引出点前移
9			引出点后移

续表

序号	原 框 图	等 效 框 图	说 明
10	$A \to \otimes \to A-B$, $A-B$; $-B$	$B \to \otimes$; $A \to$ $A-B$; $\otimes \to A-B$; $-B$	引出点前移,越过比较点
11	$A \to G_1 \to AG_1 \to \otimes \to AG_1+AG_2$; $G_2 \to AG_2$	$A \to G_2 \to 1/G_2 \to G_1 \to AG_1 \to \otimes \to AG_1+AG_2$; AG_2	将并联的一路变为1
12	$A \to \otimes \to G_1 \to B$; G_2	$A \to 1/G_2 \to \otimes \to G_2 \to G_1 \to B$	将反馈系统变为单位反馈
13	$A \to \otimes \to G_1 \to B$; $+$; G_2	$A \to \dfrac{G_1}{1\mp G_1 G_2} \to B$	反馈系统简化

例 2-8 试化简如图 2.19 所示的系统方框图,并求其传递函数。

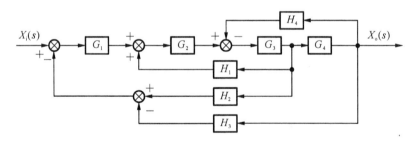

图 2.19 系统方框图

解

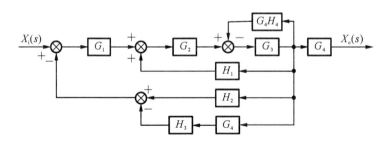

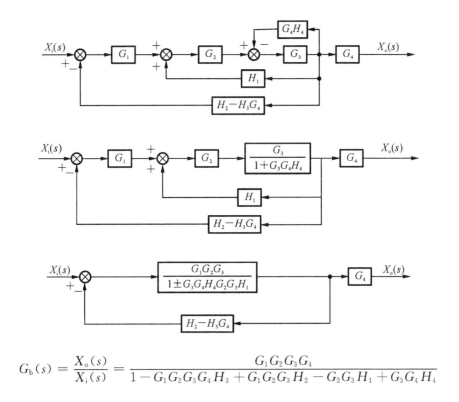

$$G_b(s) = \frac{X_o(s)}{X_i(s)} = \frac{G_1 G_2 G_3 G_4}{1 - G_1 G_2 G_3 G_4 H_3 + G_1 G_2 G_3 H_2 - G_2 G_3 H_1 + G_3 G_4 H_4}$$

2.5* 系统信号流图与梅荪公式

2.5.1 信号流图

信号流图是信号流程图的简称,是与框图等价的描述变量之间关系的图形表示方法。图 2.20 所示的框图可用图 2.21 所示信号流图表示。信号流图尤其适用于复杂系统,其简化方法与框图的简化方法是相同的。

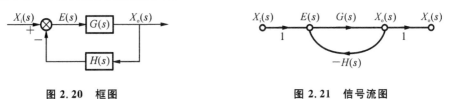

图 2.20　框图　　　　　　　图 2.21　信号流图

信号流图是用一些定向线段将一些节点连接起来而组成的。其中节点用来表示变量或信号,输入节点也称源点,输出节点也称阱点、汇点,混合节点是指既有输入又有输出的节点。

定向线段表示支路,其上的箭头表明信号的流向,各支路上还标明了增益,即支路上的传递函数。沿支路箭头方向穿过各相连支路的路径称为通路。从输入节点到输出节点的通路上通过任何节点不多于一次的通路称为前向通道;起点与终点重合且与任何节点相交不多于一次的通路称为回路。回路中各支路传递函数的乘积,称为回环传递函数,图 2.21 中的回环传递函数为 $G(s)H(s)$;若系统中包括若干个回环,回环间没有任何公共节点者,称为不接触回环。

2.5.2 梅荪公式

对于比较复杂的系统,当框图或信号流图的变换和简化方法都显得烦琐费事时,可根据梅荪公式(Mason rule)直接求取框图的传递函数或信号流图的传输量,梅荪公式为

$$T = \frac{1}{\Delta} \sum_{k=1}^{n} P_k \Delta_k$$

式中:T——从源节点至任何节点的传输量;

P_k——第 k 条前向通道的传输量;

Δ——信号流图的特征式,是信号流图所表示的方程组的系数行列式,其表达式为

$$\Delta = 1 - \sum L_1 + \sum L_2 - \sum L_3 + \cdots + (-1)^m \sum L_m$$

其中,$\sum L_1$——所有不同回环的传输量之和;

$\sum L_2$——任何两个互不接触回环传输量的乘积之和;

$\sum L_3$——任何三个互不接触回环传输量的乘积之和;

$\sum L_m$——任何 m 个互不接触回环传输量的乘积之和;

Δ_k——余因子,即第 k 条前向通道的余因子,即对于信号流图的特征式,将与第 k 条
前向通道接触的回环传输代以零值,余下的 Δ 即为 Δ_k。

梅荪公式的推导可参阅有关文献。

例 2-9 图 2.22 所示的低通滤波网络可以表示为图 2.23 所示的信号流图,试求传递函数 $\dfrac{U_o(s)}{U_i(s)}$。

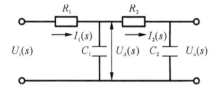

图 2.22 低通滤波网络

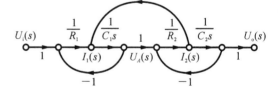

图 2.23 网络的信号流图

解 此系统有三个回环,即 $-\dfrac{1}{R_1 C_1 s}$、$-\dfrac{1}{R_2 C_1 s}$、$-\dfrac{1}{R_2 C_2 s}$,因此

$$\sum L_1 = -\frac{1}{R_1 C_1 s} - \frac{1}{R_2 C_1 s} - \frac{1}{R_2 C_2 s}$$

两个互不接触的回环只有一种组合,即 $\left(-\dfrac{1}{R_1C_1s}\right)\left(-\dfrac{1}{R_2C_2s}\right)$,

所以

$$\sum L_2 = \dfrac{1}{R_1C_1s}\dfrac{1}{R_2C_2s}$$

由此可求特征式

$$\Delta = 1 - \sum L_1 + \sum L_2 = 1 + \dfrac{1}{R_1C_1s} + \dfrac{1}{R_2C_1s} + \dfrac{1}{R_2C_2s} + \dfrac{1}{R_1R_2C_1C_2s^2}$$

图 2.23 中只有一条前向通道 ($n=1$),即

$$U_i(s) \to 1 \to \dfrac{1}{R_1} \to \dfrac{1}{C_1s} \to 1 \to \dfrac{1}{R_2} \to \dfrac{1}{C_2} \to 1 \to U_o(s)$$

它与所有的回环都接触,于是有

$$P_1 = \dfrac{1}{R_1C_1R_2C_2s^2}, \quad \Delta_1 = 1$$

根据梅逊公式,所以有

$$\dfrac{U_o(s)}{U_i(s)} = \dfrac{1}{\Delta}\sum_{k=1}^{1} P_k\Delta_k = \dfrac{P_1\Delta_1}{\Delta} = \dfrac{1}{R_1R_2C_1C_2s^2 + (R_1C_1 + R_2C_2 + R_1C_2)s + 1}$$

习　题

2-1　什么是线性系统?其重要的特性有哪些?

2-2　试建立题 2-2 图所示各系统的微分方程,其中电压 $u_i(t)$ 和位移 $x_r(t)$ 为输入量,电压 $u_o(t)$ 和位移 $x_c(t)$ 为输出量,k 为弹簧刚度系数,f 为阻尼系数。

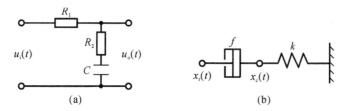

题 2-2 图

2-3　工业上常用孔板和差压变送器测量流体的流量,通过孔板的流量 Q 与孔板前后的差压 P 的平方根成正比,即 $Q=k\sqrt{P}$,k 为常数,设系统在流量值 Q_0 附近作微小变化,试将流量方程线性化。

2-4　求题 2-4 图所示机械系统的微分方程式和传递函数,图中位移 x_i 为输入量,位移 x_o 为输出量,k 为弹簧的刚度系数,f 为黏滞阻尼系数,图(a)的重力忽略不计。

2-5　求题 2-5 图所示机械系统的微分方程。图中 M 为输入转矩,C_m 为圆周阻尼,J 为转动惯量。

2-6　已知系统方框图如题 2-6 图所示,试分别求传递函数 $\dfrac{C_1(s)}{R_1(s)}$,$\dfrac{C_2(s)}{R_1(s)}$,

$\dfrac{C_1(s)}{R_2(s)}$, $\dfrac{C_2(s)}{R_2(s)}$。

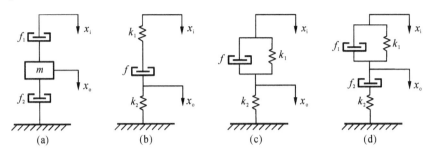

题 2-4 图

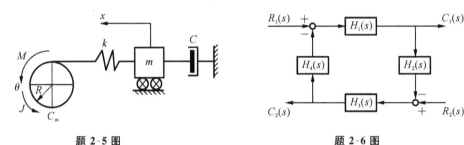

题 2-5 图　　　　　　　　　题 2-6 图

2-7　系统的微分方程组为

$$\begin{cases} x_1(t) = r(t) - c(t) \\ T_1 \dfrac{\mathrm{d}x_2(t)}{\mathrm{d}t} = k_1 x_1(t) - x_2(t) \\ x_3(t) = x_2(t) - k_3 c(t) \\ T_2 \dfrac{\mathrm{d}c(t)}{\mathrm{d}t} + c(t) = k_2 x_3(t) \end{cases}$$

式中：T_1、T_2、k_1、k_2 均为正的常数，系统的输入为 $r(t)$，输出为 $c(t)$，试画出动态结构图，并求出传递函数 $\dfrac{C(s)}{R(s)}$。

2-8　系统方框图如题 2-8 图所示，试简化方框图，并求出它们的传递函数 $\dfrac{C(s)}{R(s)}$。

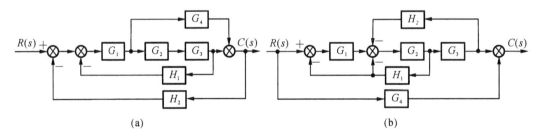

题 2-8 图

2-9 已知系统方框图如题 2-9 图所示,试分别求取各典型传递函数 $\dfrac{C(s)}{R(s)}$, $\dfrac{E(s)}{R(s)}$, $\dfrac{C(s)}{N(s)}$, $\dfrac{E(s)}{N(s)}$, $\dfrac{C(s)}{F(s)}$, $\dfrac{E(s)}{F(s)}$。

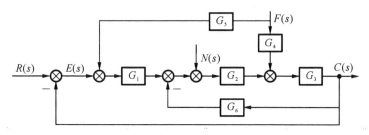

题 2-9 图

2-10 若系统的方框图如题 2-10 图所示,求:

(1) 以 $R(s)$ 为输入,而分别以 $C(s)$、$Y(s)$、$B(s)$、$E(s)$ 为输出的闭环传递函数;

(2) 以 $F(s)$ 为输入,而分别以 $C(s)$、$Y(s)$、$B(s)$、$E(s)$ 为输出的闭环传递函数。

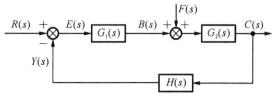

题 2-10 图

第3章　控制系统的时间响应与误差分析

控制系统的实际运行都是在时间域内进行的。所谓系统的时域分析,就是在时间域内,研究在各种形式的输入信号作用下,系统输出的时间特征。通常采用对研究系统施加一定形式的输入信号的方法,来研究系统的输出量随时间的变化规律。在控制论发展早期,由于求解微分方程十分困难,使得对系统的时域分析受到很大的限制。20世纪60年代以来,计算机技术的发展,为控制工程的研究提供了强有力的工具,使以时域分析为基础的现代控制理论得到了迅速发展。

本章主要内容是经典控制论中一般简单控制系统的时间响应及其误差分析。即使是复杂的高阶系统,也往往存在起主导作用的一阶或二阶环节,故分析简单的低阶系统具有重要意义。分析的方法是求解系统的微分方程,或将其传递函数转换到时域中进行分析。

3.1　时间响应和典型输入信号

3.1.1　时间响应的概念

控制系统在典型输入信号的作用下,输出量随时间变化的函数关系称为系统的时间响应。描述系统的微分方程的解就是该系统时间响应的数学表达式。任一系统的时间响应均由瞬态响应和稳态响应组成。在某一输入信号的作用下,系统的输出量从初始状态到稳定状态的响应过程称为瞬态响应;瞬态响应直接反映了系统的动态特性。在某一输入信号的作用下,时间趋于无穷大时系统的输出状态称为稳态响应。稳态响应偏离希望输出值的程度可用于衡量系统的精确程度。

图3.1表示了某系统在单位阶跃信号作用下的时间响应。系统的输出量在 t_s 时刻

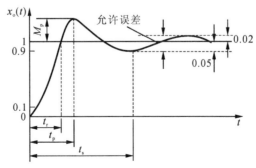

图 3.1　表示系统性能指标的阶跃响应曲线

达到稳定状态,在 $0 \to t_s$ 时间内的响应过程称为瞬态响应;当 $t \to \infty$ 时系统的输出 $x_o(t)$ 即为稳态响应。当 $t \to \infty$ 时,若 $x_o(t)$ 收敛于某一稳态值,则系统是稳定的;若 $x_o(t)$ 呈等幅振荡或发散状态,则系统不稳定。

3.1.2 典型输入信号

通过研究输入系统信号,考察系统的过渡过程即瞬态响应来评价系统的动态性能是研究控制系统动态性能的基本方法。系统的瞬态响应主要取决于系统本身的特性及外加输入信号的形式。

在实际系统中,输入信号虽然是多种多样的,但一般可分为确定性信号和非确定性信号两种。确定性信号是其变量和自变量之间的关系能够用某一确定性函数描述的信号。例如,为了研究机床的动态特性,用电磁激振器给机床输入一个作用力 $F=A\sin\omega t$,这个作用力就是一个确定性时间函数信号。非确定性信号是其变量和自变量之间的关系不能用某一确定性函数描述的信号,也就是说,它的变量与自变量之间的关系是随机的,只服从于某些统计规律。例如,在车床上加工工件时,切削力就是非确定性信号。由于工件材料的不均匀性和刀具实际角度的变化等随机因素的影响,所以无法用一确定的时间函数表示切削力的变化规律。

由于系统的输入具有多样性,所以,在分析和设计系统时,需要规定一些典型输入信号,然后比较各系统对典型输入信号的时间响应。尽管在实际中,输入信号很少是典型输入信号,但由于在系统对典型输入信号的时间响应和系统对任意输入信号的时间响应之间存在一定的关系,所以,只要知道系统对典型输入信号的时间响应,再利用关系式

$$\frac{X_{o1}(s)}{X_{i1}(s)} = G(s) = \frac{X_{o2}(s)}{X_{i2}(s)}$$

或 $\qquad x_{i1}(t) * x_{o2}(t) = x_{i2}(t) * x_{o1}(t) \quad$ ($*$ 表示卷积)

就能求出系统对任何输入信号的时间响应。

实际中经常使用下述两类输入信号,一是系统正常工作时的输入信号,使用这类输入信号,既方便又不会因外加扰动而破坏系统的正常运行,然而,使用这些信号未必会对系统动态特性全面了解;二是外加测试信号,经常采用的有脉冲函数、阶跃函数、斜坡函数、正弦函数等,由于这些函数是简单的时间函数,所以控制系统的数学分析和实验工作都比较容易进行。然而在许多实际生产过程中,往往不能使用外加测试信号。因为大多数外加的测试信号对生产过程的正常运行干扰太大,即使有的生产过程能承受这样大的干扰,实验也往往要受严格的限制。

实际应用时,究竟采用哪一种典型信号,取决于系统常见的工作状态。如果控制系统的实际输入大部分是随时间逐渐变化的函数,则应用斜坡函数作为典型试验信号比较合适;如果控制系统的输入信号大多具有突变性质,则采用阶跃函数较恰当;如果系统的输入信号是冲击输入量,则采用脉冲函数较合适;如果系统的输入信号是随时间变化往复运

动的,则采用正弦函数较适宜。但不管采用何种典型输入信号,对于同一系统来说,由过渡过程所表征的系统特性是同一的。

选取实验信号时需考虑下述原则:

(1) 实验信号应具有典型性,能够反映系统工作的大部分实际情况;

(2) 实验信号的形式应尽可能简单,便于分析处理;

(3) 实验信号应能使系统在最不利的情况下工作。

在时域分析中,经常采用的典型实验信号有下面几种。

1. 阶跃信号

阶跃信号是使用最为广泛的一类实验信号。阶跃信号如图 3.2(a)所示,其函数表达式为

$$x_i(t) = \begin{cases} R & (t \geqslant 0, R \text{ 为常量}) \\ 0 & (t < 0) \end{cases}$$

幅值 $R=1$ 时的阶跃函数称为单位阶跃函数,记作 $1(t)$,其单位阶跃函数的拉氏变换为

$$X_o(s) = L[1(t)] = \frac{1}{s}$$

在 $t=0$ 处的阶跃信号,相当于一个数值为一常值的信号,$t \geqslant 0$ 时突然加到系统上。

2. 斜坡信号

斜坡信号(又称速度信号)如图 3.2(b)所示,其函数表达式为

$$x_i(t) = \begin{cases} Rt & (t \geqslant 0, R \text{ 为常量}) \\ 0 & (t < 0) \end{cases}$$

该函数的拉氏变换为

$$X_o(s) = L[Rt] = \frac{R}{s^2}$$

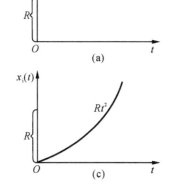
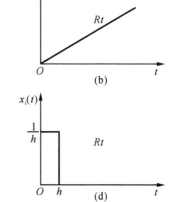

图 3.2　典型实验信号

当 $R=1$ 时的斜坡函数称为单位斜坡函数。单位斜坡信号相当于在控制系统中加入一个按恒速变化的信号,其速度为 R。

3. 单位抛物线信号

单位抛物线信号(又称加速度信号)如图 3.2(c)所示,其函数表达式为

$$x_i(t) = \begin{cases} \dfrac{1}{2}Rt^2 & (t \geqslant 0, R\text{ 为常量}) \\ 0 & (t < 0) \end{cases}$$

该函数的拉氏变换为

$$X_o(s) = L\left[\dfrac{1}{2}Rt^2\right] = \dfrac{R}{s^3}$$

该实验信号相当于在控制系统中加入一按恒加速度变化的信号,加速度为 R。当 $R=1$ 时,单位抛物线函数称为单位加速度函数。

4. 单位脉冲信号

实用单位脉冲信号如图 3.2(d)所示,其函数表达式为

$$x_i(t) = \begin{cases} \dfrac{1}{h} & (0 \leqslant t \leqslant h) \\ 0 & (t < 0, t \geqslant 0) \end{cases}$$

其中,脉冲宽度为 h,脉冲面积为 1。若实用脉冲的宽度趋近于零,则实用脉冲转变为理想单位脉冲,此时的函数称为单位脉冲函数,记为 $\delta(t)$,即

$$\delta(t) = \begin{cases} \infty & (t=0) \\ 0 & (t \neq 0) \end{cases}, \quad \int_{-\infty}^{+\infty} \delta(t)\mathrm{d}t = 1$$

幅值为无穷大,持续时间为零的脉冲纯属数学上的假设,在工程实践中,理想单位脉冲是很难获得的。为了尽量接近于单位脉冲函数,通常以宽度 h 很窄而高度为 $1/h$ 的信号代替脉冲信号,一般要求 $h < 0.1T$,即宽度 h 与系统时间常数 T 相比足够小。

单位脉冲函数的拉氏变换为

$$X_o(s) = L[\delta(t)] = 1$$

显然,单位脉冲函数可以认为是单位阶跃函数对时间的导数 $\delta(t) = \dfrac{\mathrm{d}}{\mathrm{d}t}1(t)$;反之,单位脉冲函数的积分就是单位阶跃函数。

3.2 一阶系统的时间响应

3.2.1 数学模型

可用一阶微分方程描述的系统称为一阶系统。一阶系统的典型形式是惯性环节,其微分方程和传递函数的一般形式为

$$T\frac{\mathrm{d}x_\mathrm{o}(t)}{\mathrm{d}t} + x_\mathrm{o}(t) = x_\mathrm{i}(t)$$

$$G(s) = \frac{X_\mathrm{o}(s)}{X_\mathrm{i}(s)} = \frac{1}{Ts+1}$$

式中：T——一阶系统的时间常数，它表达了一阶系统本身的与外界作用无关的固有特性，亦为一阶系统的特征参数。

3.2.2 单位阶跃响应

当系统的输入信号为单位阶跃函数时，即

$$x_\mathrm{i}(t) = 1(t), \quad X_\mathrm{i}(s) = \mathrm{L}[1(t)] = \frac{1}{s}$$

则一阶系统的单位阶跃响应函数的拉氏变换式为

$$X_\mathrm{o}(s) = G(s)X_\mathrm{i}(s) = \frac{1}{Ts+1}\frac{1}{s}$$

展开成部分分式，得

$$X_\mathrm{o}(s) = \frac{1}{s} - \frac{T}{Ts+1} \tag{3-1}$$

对式(3-1)进行拉氏反变换得系统的过渡过程函数，即时间响应函数为

$$x_\mathrm{o}(t) = \mathrm{L}^{-1}[X_\mathrm{o}(s)] = 1 - \mathrm{e}^{-t/T} \quad (t \geqslant 0) \tag{3-2}$$

其中，$-\mathrm{e}^{-t/T}$ 是瞬态项，1是稳态项。由式(3-2)可得表3.1。

式(3-2)表示的一阶系统的单位阶跃响应如图3.3所示。它是一条单调上升的指数曲线，稳态值为 $x_\mathrm{o}(\infty)$。由图可知，该曲线有两个重要的特征点：一个是 A 点，其对应的时间 $t=T$ 时，系统的响应 $x_\mathrm{o}(t)$ 达到稳态值的63.2%；另一个是原点，其对应的时间 $t=0$ 时，系统的响应 $x_\mathrm{o}(t)$ 的切线斜率(它表示系统的响应速度)等于 $1/T$。这两个特征点都十分直接地同系统的时间常数 T 相联系，都包含了一阶系统的与固有特性有关的信息。

表3.1

t	$x_\mathrm{o}(t)$	$\dot{x}_\mathrm{o}(t)$
0	0	$\frac{1}{T}$
T	0.632	$0.368\frac{1}{T}$
$2T$	0.865	$0.135\frac{1}{T}$
$4T$	0.982	$0.018\frac{1}{T}$
∞	1	0

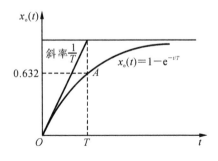

图3.3 一阶系统的单位阶跃响应

由图3.3可知，指数曲线的斜率，即一阶系统的响应速度 $x_\mathrm{o}(t)$ 是随时间 t 的增大而单调减小的。当 $t \to \infty$ 时，其响应速度为零；当 $t \geqslant 4T$ 时，一阶系统的响应达到稳态

值的98%以上。与单位脉冲响应的情况一样,系统的过渡过程时间 $t_s = 4T$。可见,时间常数 T 确实反映了一阶系统的固有特性,其值愈小,系统的惯性就愈小,系统的响应也就愈快。

由以上分析可知,若要求用实验方法求出一阶系统的传递函数 $G(s)$,就可以先对系统输入一单位阶跃信号,并测出它的响应曲线,当然包括其稳态值 $x_o(\infty)$,然后从响应曲线上找出 $0.632x_o(\infty)$ 处(即特征点 A)所对应的时间 t,这个 t 就是系统的时间常数 T;或者找出 $t=0$ 时 $x_o(t)$ 处(即特征点 O)的切线斜率,这个斜率的倒数也是系统的时间常数 T。再求出 $\omega(t)$,最后由 $G(s) = L[x_o(t)]$ 求得 $G(s)$。

3.2.3 单位斜坡响应

当系统的输入信号为单位斜坡函数时,即 $X_i(s) = \dfrac{1}{s^2}$,则一阶系统的单位阶跃响应函数的拉氏变换式为

$$X_o(s) = G(s)X_i(s) = \frac{1}{Ts+1} \cdot \frac{1}{s^2} = \frac{1}{s^2} - \frac{T}{s} + \frac{T^2}{Ts+1}$$

由拉氏反变换,可得其时间响应函数 $x_o(t)$ 为

$$x_o(t) = t - T + Te^{-t/T} \qquad (t \geqslant 0) \qquad (3\text{-}3)$$

误差信号为

$$e(t) = x_i(t) - x_o(t) = t - (t - T + Te^{-t/T})$$

当 $t \to \infty$ 时,$e(t) \to 0$,因而 $e(\infty) = T$。

式(3-3)表示的一阶系统的单位斜坡响应(速度响应)如图 3.4 所示,输入信号 $x_i(t)$ 与输出信号 $x_o(t)$ 两线在垂直方向的距离,表征二者之间的误差。

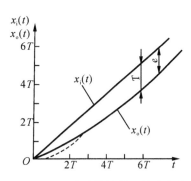

图 3.4 一阶系统的单位斜坡响应

3.2.4 单位脉冲响应

单位脉冲的拉氏变换为 $X_i(s) = 1$,则一阶系统的单位脉冲响应的拉氏变换式为

$$X_o(s) = G(s)X_i(s) = \frac{1}{Ts+1} \times 1 = \frac{1}{Ts+1}$$

取其拉氏反变换,可得出其时间响应函数

$$x_o(t) = \frac{1}{T}e^{-t/T} \qquad (t \geqslant 0) \qquad (3\text{-}4)$$

由式(3-4)可得表 3.2。

式(3-4)表示的一阶系统的单位脉冲响应如图 3.5 所示。图 3.5 表明,一阶系统的单位脉冲响应函数是一单调下降的指数曲线。如果将上述指数曲线衰减到初值的 2% 之前的过程定义为过渡过程,则可算得相应的时间为 $4T$,称此时间 $4T$ 为过渡过程时间或调整时间,记为 t_s。由此可见,系统的时间常数 T 愈小,其过渡过程的持续时间愈短。这表

明系统的惯性愈小,系统对输入信号反应的快速性能愈好。由3.3节可知,二阶系统比一阶系统容易得到较短的过渡过程时间。这表明一阶系统的惯性较大,所以一阶系统又称为一阶惯性系统。在一阶系统的输出中包含了反映该系统惯性的时间常数 T 这一重要的信息。

表 3.2

t	$x_o(t)$	$\dot{x}_o(t)$
0	$\dfrac{1}{T}$	$-\dfrac{1}{T^2}$
T	$0.368\dfrac{1}{T}$	$-0.368\dfrac{1}{T^2}$
$2T$	$0.135\dfrac{1}{T}$	$-0.135\dfrac{1}{T^2}$
$4T$	$0.018\dfrac{1}{T}$	$-0.018\dfrac{1}{T^2}$
∞	0	0

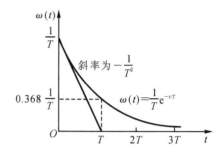

图 3.5 一阶系统的单位脉冲响应

*3.2.5 线性定常系统的重要特征

通过上面的分析,注意到对时间变量而言,单位脉冲函数是单位阶跃函数的导数,而单位脉冲响应式(3-4)是单位阶跃响应式(3-2)的导数;单位阶跃函数是单位斜坡函数的导数,而单位阶跃响应式(3-2)是单位斜坡响应式(3-3)的导数。即有如下关系:

$$x_i(t)_{脉冲} = \frac{\mathrm{d}}{\mathrm{d}t}x_i(t)_{阶跃} = \frac{\mathrm{d}^2}{\mathrm{d}t^2}x_i(t)_{斜坡}$$

$$X_o(s)_{脉冲} = \frac{\mathrm{d}}{\mathrm{d}t}X_o(s)_{阶跃} = \frac{\mathrm{d}^2}{\mathrm{d}t^2}X_o(s)_{斜坡}$$

由此可以看出:系统对输入信号导数的响应,可以通过系统对输入信号响应的微分来求出。反之,也可以看出:系统对原信号积分的响应,等于系统对原信号响应的积分,而积分常数则由零输出初始条件确定。这是线性定常系统的一个重要特性,不仅适用于一阶线性定常系统,而且适用于任何线性定常系统。需要指出的是,线性时变系统和非线性系统都不具备这种特点。

3.3 二阶系统的时间响应

一般控制系统均为高阶系统,但在一定准确度条件下,可忽略某些次要因素,近似地用一个二阶系统来表示,因此,研究二阶系统有较大实际意义。例如,描述力反馈型电液伺服阀的微分方程一般为四、五阶高次方程,但在实际中,电液控制系统按二阶系统来分析已足够准确了。二阶系统实例很多,如前述的RCL电网络、带有惯性载荷的液压助力器、质量-弹簧-阻尼机械系统等。

3.3.1 数学模型

二阶系统的动力学方程及传递函数分别为

$$\frac{d^2 x_o(t)}{dt^2} + 2\xi\omega_n \frac{dx_o(t)}{dt} + \omega_n^2 x_o(t) = \omega_n^2 x_i(t)$$

$$G(s) = \frac{X_o(s)}{X_i(s)} = \frac{\omega_n^2}{s^2 + 2\xi\omega_n s + \omega_n^2} \tag{3-5}$$

式中：ω_n——无阻尼固有频率；

ξ——阻尼比。

显然 ω_n 与 ξ 是二阶系统的特征参数，它们表明了二阶系统本身与外界无关的特性。

由式(3-5)的分母可以得到二阶系统的特征方程为

$$s^2 + 2\xi\omega_n s + \omega_n^2 = 0$$

此方程的两个特征根为

$$s_{1,2} = -\xi\omega_n \pm \omega_n \sqrt{\xi^2 - 1}$$

由特征根表达式可见，随着阻尼比 ξ 取值的不同，二阶系统的特征根也不同。

(1) 欠阻尼系统($0<\xi<1$)　此时两个特征根可以写成 $s_{1,2} = -\xi\omega_n \pm j\omega_n \sqrt{1-\xi^2}$，这是一对共轭复根，在复平面上的位置如图 3.6(a)所示。

(2) 无阻尼系统($\xi=0$)　此时 $s_{1,2} = \pm j\omega_n$，这是一对共轭虚根，如图 3.6(b)所示。

(3) 临界阻尼系统($\xi=1$)　此时 $s_{1,2} = -\omega_n$，这是两个相同的负实根，如图 3.6(c)所示。

(4) 过阻尼系统($\xi>1$)　此时 $s_{1,2} = -\xi\omega_n \pm \omega_n \sqrt{\xi^2-1}$，这是两个不同的负实根，如图 3.6(d)所示。

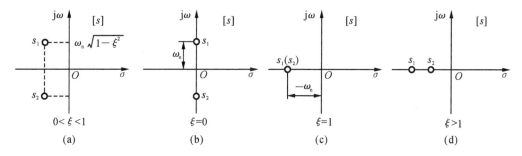

图 3.6　二阶系统的特征根

根据上述四种情况，下面分别研究输入信号为单位阶跃函数、单位斜坡函数、单位脉冲函数时，二阶系统的过渡过程。

3.3.2 单位阶跃响应

若系统的输入信号为单位阶跃函数，即

$$x_i(t) = 1(t), \quad L[1(t)] = \frac{1}{s}$$

则二阶系统的阶跃响应函数的拉氏变换式为

$$X_o(s) = G(s)\frac{1}{s} = \frac{\omega_n^2}{s^2 + 2\xi\omega_n s + \omega_n^2}\frac{1}{s} = \frac{1}{s} - \frac{s + 2\xi\omega_n}{(s + \xi\omega_n + j\omega_d)(s + \xi\omega_n - j\omega_d)} \quad (3\text{-}6)$$

记 $\omega_d = \omega_n\sqrt{1-\xi^2}$，$\omega_d$ 称为二阶系统的有阻尼固有频率。其响应函数可讨论如下。

1. 欠阻尼状态（$0 < \xi < 1$）

由式(3-6)，可得

$$x_o(t) = L^{-1}\left[\frac{1}{s}\right] - L^{-1}\left[\frac{s + \xi\omega_n}{(s + \xi\omega_n)^2 + \omega_d^2}\right] - L^{-1}\left[\frac{\xi}{\sqrt{1-\xi^2}}\frac{\omega_d}{(s + \xi\omega_n)^2 + \omega_d^2}\right]$$

$$= 1 - e^{-\xi\omega_n t}\left(\cos\omega_d t + \frac{\xi}{\sqrt{1-\xi^2}}\sin\omega_d t\right) \quad (t \geqslant 0) \quad (3\text{-}7)$$

或

$$x_o(t) = 1 - e^{-\xi\omega_n t}\frac{1}{\sqrt{1-\xi^2}}\sin\left(\omega_d t + \arctan\frac{\sqrt{1-\xi^2}}{\xi}\right) \quad (t \geqslant 0) \quad (3\text{-}8)$$

式(3-8)中的第二项是瞬态项，是减幅正弦振荡函数，它的振幅随时间 t 的增加而减小。

2. 无阻尼状态（$\xi = 0$）

由式(3-6)，可得

$$x_o(t) = 1 - \cos\omega_n t \quad (t \geqslant 0) \quad (3\text{-}9)$$

3. 临界阻尼状态（$\xi = 1$）

由式(3-6)，可得

$$x_o(t) = L^{-1}[X_o(s)] = 1 - (1 + \omega_n t)e^{-\omega_n t} \quad (t \geqslant 0) \quad (3\text{-}10)$$

其响应的变化速度为

$$\dot{x}_o(t) = \omega_n^2 t e^{-\omega_n t}$$

由此式可知：当 $t=0$ 时，$\dot{x}_o(t) = 0$；当 $t = \infty$ 时，$\dot{x}_o(t) = 0$；当 $t > 0$ 时，$\dot{x}_o(t) > 0$。这说明过渡过程在开始时刻和最终时刻的变化速度为零，过渡过程是单调上升的。

4. 过阻尼状态（$\xi > 1$）

由式(3-6)，可得

$$x_o(t) = L^{-1}[X_o(s)]$$

$$= 1 + \frac{1}{2\sqrt{\xi^2-1}(\xi + \sqrt{\xi^2-1})}e^{-(\xi - \sqrt{\xi^2-1})\omega_n t} - \frac{1}{2\sqrt{\xi^2-1}(\xi - \sqrt{\xi^2-1})}e^{-(\xi - \sqrt{\xi^2-1})\omega_n t}$$

$$= 1 + \frac{\omega_n}{2\sqrt{\xi^2-1}}\left(\frac{e^{s_1 t}}{-s_1} - \frac{e^{s_2 t}}{-s_2}\right) \quad (t \geqslant 0) \quad (3\text{-}11)$$

其中，$s_1 = -(\xi + \sqrt{\xi^2-1})\omega_n$，$s_2 = -(\xi - \sqrt{\xi^2-1})\omega_n$。

计算表明，当 $\xi > 1.5$ 时，在式(3-11)的两个衰减的指数项中，$e^{s_1 t}$ 的衰减比 $e^{s_2 t}$ 的要快得多，因此，过渡过程的变化以 $e^{s_2 t}$ 项起主要作用。从 s 平面看，越靠近虚轴的根，过渡过程的时间越长,对过渡过程的影响越大,更起主导作用。

式(3-8)至式(3-11)所描述的单位阶跃响应函数如图 3.7 所示。

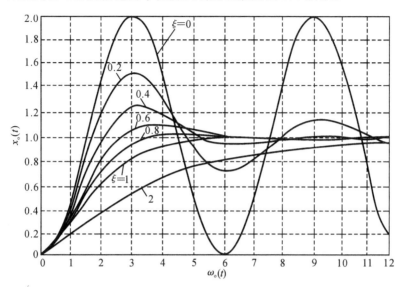

图 3.7 二阶系统的单位阶跃响应

由图 3.7 可知,当 $\xi<1$ 时,二阶系统的单位阶跃响应函数的过渡过程为衰减振荡,并且随着阻尼 ξ 的减小,共振荡特性表现得愈加强烈,当 $\xi=0$ 时达到等幅振荡。在 $\xi=1$ 和 $\xi>1$ 时,二阶系统的过渡过程具有单调上升的特性。从过渡过程的持续时间来看,在无振荡单调上升的曲线中,以 $\xi=1$ 时的过渡时间 t_s 最短。在欠阻尼系统中,当 $\xi=0.4\sim0.8$ 时,不仅其过渡过程时间比 $\xi=1$ 时的更短,而且振荡不太严重。因此,一般希望二阶系统工作在 $\xi=0.4\sim0.8$ 的欠阻尼状态,因为这个工作状态有一个振荡特性适度而持续时间又较短的过渡过程。应指出,由以上分析可知,决定过渡过程特性的是瞬态响应这部分。选择合适的过渡过程实际上是选择合适的瞬态响应,也就是选择合适的特征参数 ω_n 与 ξ 值。

在根据给定的性能指标设计系统时,在一阶系统与二阶系统中,通常选择二阶系统。这是因为二阶系统容易得到较短的过渡过程时间,并且也能同时满足对振荡性能的要求。

3.3.3 单位斜坡响应

当二阶系统的输入信号是单位斜坡函数时,$x_i(t)=t$,则 $X_i(s)=1/s^2$,那么对应输出信号的拉氏变换式为

$$X_o(s) = \frac{\omega_n^2}{s^2+2\xi\omega_n s+\omega_n^2}\frac{1}{s^2} \tag{3-12}$$

1. 欠阻尼状态($0<\xi<1$)

在欠阻尼状态下,式(3-12)可展开成为

$$X_o(s) = \frac{1}{s^2} - \frac{\frac{2\xi}{\omega_n}}{s} + \frac{\frac{2\xi}{\omega_n}(s+\xi\omega_n) + (2\xi^2-1)}{s^2 + 2\xi\omega_n s + \omega_n^2}$$

取拉氏反变换,得

$$x_o(t) = t - \frac{2\xi}{\omega_n} + e^{-\xi\omega_n t}\left(\frac{2\xi}{\omega_n}\cos\omega_d t + \frac{2\xi^2-1}{\omega_n\sqrt{1-\xi^2}}\sin\omega_d t\right)$$

$$= t - \frac{2\xi}{\omega_n} + \frac{e^{-\xi\omega_n t}}{\omega_n\sqrt{1-\xi^2}}\sin\left(\omega_d t + \arctan\frac{2\xi\sqrt{1-\xi^2}}{2\xi^2-1}\right) \quad (t \geqslant 0) \quad (3\text{-}13)$$

式中:$\arctan\dfrac{2\xi\sqrt{1-\xi^2}}{2\xi^2-1} = 2\arctan\dfrac{\sqrt{1-\xi^2}}{\xi}$。

2. 无阻尼状态($\xi=0$)

$$x_o(t) = t + \frac{1}{\omega_n}\sin\omega_n t \quad (t \geqslant 0) \quad (3\text{-}14)$$

3. 临界阻尼状态($\xi=1$)

由式(3-12)可得

$$x_o(t) = t - \frac{2}{\omega_n} + \frac{2}{\omega_n}e^{-\omega_n t}\left(1 + \frac{\omega_n t}{2}\right) \quad (t \geqslant 0) \quad (3\text{-}15)$$

4. 过阻尼状态($\xi>1$)

由式(3-12)可得

$$x_o(t) = t - \frac{2\xi}{\omega_n} - \frac{2\xi^2 - 1 - 2\xi\sqrt{\xi^2-1}}{2\omega_n\sqrt{\xi^2-1}}e^{-(\xi-\sqrt{\xi^2-1})\omega_n t}$$

$$+ \frac{2\xi^2 - 1 + 2\xi\sqrt{\xi^2-1}}{2\omega_n\sqrt{\xi^2-1}}e^{-(\xi-\sqrt{\xi^2-1})\omega_n t} \quad (t \geqslant 0) \quad (3\text{-}16)$$

二阶系统反映单位斜坡函数的过渡过程还可以通过对反映单位阶跃函数的过渡过程的积分求得。其中积分常数可根据 $t=0$ 时过渡过程 $x_o(t)$ 的初始条件来确定。

3.3.4 单位脉冲响应

当二阶系统的输入信号是理想的单位脉冲函数 $\delta(t)$ 时,系统的输出 $x_o(t)$ 称为单位脉冲响应函数,可记为 $\omega(t)$,则 $W(s)=G(s)$,根据拉氏反变换,可得

$$\omega(t) = L^{-1}[G(s)] = L^{-1}\left[\frac{\omega_n^2}{s^2 + 2\xi\omega_n s + \omega_n^2}\right] = L^{-1}\left[\frac{\omega_n^2}{(s+\xi\omega_n)^2 + (\omega_n\sqrt{1-\xi^2})}\right] \quad (3\text{-}17)$$

1. 欠阻尼状态($0<\xi<1$)

由式(3-17),可得

$$\omega(t) = L^{-1}\left[\frac{\omega_n}{\sqrt{1-\xi^2}}\frac{\omega_n\sqrt{1-\xi^2}}{(s+\xi\omega_n)^2 + (\omega_n\sqrt{1-\xi^2})^2}\right]$$

$$= \frac{\omega_n}{\sqrt{1-\xi^2}}e^{\xi\omega_n t}\sin\omega_d t \quad (t \geqslant 0) \quad (3\text{-}18)$$

2. 无阻尼状态($\xi=0$)

由式(3-17),可得

$$\omega(t) = L^{-1}\left[\omega_n \frac{\omega_n}{s^2+\omega_n^2}\right] = \omega_n \sin\omega_n t \qquad (t \geqslant 0) \tag{3-19}$$

3. 临界阻尼状态($\xi=1$)

由式(3-17),可得

$$\omega(t) = L^{-1}\left[\frac{\omega_n^2}{(s+\omega_n)^2}\right] = \omega_n^2 t e^{-\omega_n t} \qquad (t \geqslant 0) \tag{3-20}$$

4. 过阻尼状态($\xi>1$)

由式(3-17),可得

$$\omega(t) = \frac{\omega_n}{2\sqrt{\xi^2-1}}\left\{L^{-1}\left[\frac{1}{s+(\xi-\sqrt{\xi^2-1})\omega_n}\right] - L^{-1}\left[\frac{1}{s+(\xi+\sqrt{\xi^2-1})\omega_n}\right]\right\}$$

$$= \frac{\omega_n}{2\sqrt{\xi^2-1}}\left[e^{-(\xi-\sqrt{\xi^2-1})\omega_n t} - e^{-(\xi+\sqrt{\xi^2-1})\omega_n t}\right] \qquad (t \geqslant 0) \tag{3-21}$$

由式(3-21)可知:过阻尼系统的$\omega(t)$可视为两个并联的一阶系统的单位脉冲响应函数的叠加。当ξ取不同值时,二阶欠阻尼系统的单位脉冲响应如图3.8所示。

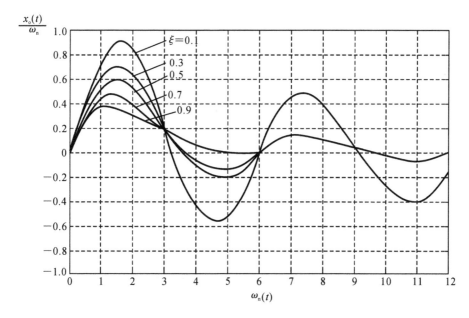

图3.8 二阶欠阻尼系统的单位脉冲响应

由图可知,二阶欠阻尼系统的单位脉冲响应曲线是减幅的正弦振荡曲线,且ξ越小,衰减越慢,固有频率ω_d越大。故欠阻尼系统又称为二阶振荡系统,其幅值衰减的快慢取决于$\xi\omega_n$($1/\xi\omega_n$称为时间衰减常数)的值。

3.3.5 二阶系统的性能指标

大多情况下,系统所需的性能指标一般以时域量值的形式给出。

通常,系统的性能指标根据系统对单位阶跃输入的响应给出。其原因是:① 产生阶跃输入比较容易,而且从系统对单位阶跃输入的响应也较容易求得对任何输入的响应;② 在实际中,许多输入与阶跃输入相似,而且阶跃输入又往往是实际中最不利的输入情况。

需要指出的是,由于完全无振荡的单调过程的过渡过程时间太长,所以,除了那些不允许产生振荡的系统外,通常都允许系统有适度的振荡,其目的是为了获得较短的过渡过程时间。这就是在设计二阶系统时,常使系统在欠阻尼(通常取 $\xi=0.4 \sim 0.8$)状态下工作的原因。因此,下面有关二阶系统响应的性能指标的定义及计算公式除有特别说明之外,都是针对欠阻尼二阶系统的单位阶跃响应的过渡过程而言的。

下面来定义二阶系统的性能指标(见图 3.9),并根据定义,推导它们的计算公式,分析它们与系统特征参数 ξ、ω_n 之间的关系。

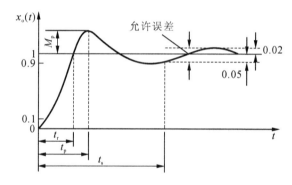

图 3.9 二阶系统响应的性能指标

1. 上升时间 t_r

响应曲线从原工作状态出发,将第一次达到输出稳态值所需的时间定义为上升时间。对于过阻尼系统,一般将响应曲线从稳态值的 10% 上升到 90% 所需的时间称为上升时间。

根据定义,当 $t=t_r$ 时,$x_o(t_r)=1$。由式(3-7),得

$$1 = 1 - e^{-\xi\omega_n t_r}\left(\cos\omega_d t_r + \frac{\xi}{\sqrt{1-\xi^2}}\sin\omega_d t_r\right)$$

即

$$e^{-\xi\omega_n t_r}\left(\cos\omega_d t_r + \frac{\xi}{\sqrt{1-\xi^2}}\sin\omega_d t_r\right) = 0$$

而 $e^{-\xi\omega_n t_r} \neq 0$,故有

$$\cos\omega_d t_r + \frac{\xi}{\sqrt{1-\xi^2}}\sin\omega_d t_r = 0$$

即
$$\tan\omega_d t_r = -\frac{\sqrt{1-\xi^2}}{\xi}$$

因为 t_r 是 $x_o(t)$ 第一次达到输出稳态值的时间,故取
$$\omega_d t_r = \pi - \arctan\frac{\sqrt{1-\xi^2}}{\xi} = \pi - \arccos\xi$$

又由于 $\omega_d = \omega_n\sqrt{1-\xi^2}$,则
$$t_r = \frac{\pi - \arccos\xi}{\omega_n\sqrt{1-\xi^2}} \tag{3-22}$$

由式(3-22)可知:当 ξ 一定时,ω_n 增大,t_r 就减小;当 ω_n 一定时,ξ 增大,t_r 就增大。

2. 峰值时间 t_p

将响应曲线达到第一个峰值所需的时间定义为峰值时间。将式(3-7)对时间 t 求导数,并令其为零,便可求得峰值时间 t_p,即由
$$\left.\frac{\mathrm{d}x_o(t)}{\mathrm{d}t}\right|_{t=t_p} = 0$$

整理,得
$$\sin\omega_d t_p = 0$$

由峰值时间 t_p 的定义,取 $\omega_d t_p = \pi$,又由于 $\omega_d = \omega_n\sqrt{1-\xi^2}$,因此
$$t_p = \frac{\pi}{\omega_n\sqrt{1-\xi^2}} \tag{3-23}$$

可见,峰值时间是有阻尼状态下振荡周期 $\frac{2\pi}{\omega_n\sqrt{1-\xi^2}}$ 的一半。当 ξ 一定时,ω_n 增大,t_p 就减小;当 ω_n 一定时,ξ 增大,t_p 就增大。此情况与 t_r 的变化情况是相同的。

3. 最大超调量 M_p

一般用式(3-24)定义系统的最大超调量,即
$$M_p = \frac{x_o(t_p) - x_o(\infty)}{x_o(\infty)} \times 100\% \tag{3-24}$$

因为最大超调量发生在峰值时间 $t = t_p = \pi/\omega_d$ 时,故将式(3-7)与 $x_o(\infty) = 1$ 代入式(3-24),可求得
$$M_p = -\mathrm{e}^{-\xi\omega_n\pi/\omega_d}\left(\cos\pi + \frac{\xi}{\sqrt{1-\xi^2}}\sin\pi\right) \times 100\%$$

即
$$M_p = \mathrm{e}^{-\xi\pi/\sqrt{1-\xi^2}} \times 100\% \tag{3-25}$$

可见,超调量 M_p 只与阻尼比 ξ 有关,而与无阻尼固有频率 ω_n 无关。所以,M_p 的大小直接说明了系统的阻尼特性。也就是说,当二阶系统阻尼比 ξ 确定后,即可求得与其相对应的超调量 M_p;反之,如果给出了系统所要求的 M_p,也可由此确定相应的阻尼比。当 $\xi = 0.4 \sim 0.8$ 时,相应的超调量 $M_p = 25\% \sim 1.5\%$。

4. 调整时间 t_s

将过渡过程中，$x_o(t)$ 所取值满足

$$|x_o(t) - x_o(\infty)| \leqslant \Delta x_o(\infty) \qquad (t \geqslant t_s) \tag{3-26}$$

所需的时间，定义为调整时间 t_s。

式(3-26)中：Δ——指定的微小量，一般取 $\Delta = 0.02 \sim 0.05$。

式(3-26)表明，在 $t = t_s$ 之后，系统的输出不会超过下述允许范围：

$$x_o(\infty) - \Delta x_o(\infty) \leqslant x_o(t) \leqslant x_o(\infty) + \Delta x_o(\infty) \qquad (t \geqslant t_s)$$

又因此时 $x_o(\infty) = 1$，故

$$|x_o(t) - 1| \leqslant \Delta \tag{3-27}$$

现将式(3-8)代入式(3-27)中，得

$$\left| \frac{e^{-\xi\omega_n t}}{\sqrt{1-\xi^2}} \sin\left(\omega_d t + \arctan \frac{\sqrt{1-\xi^2}}{\xi}\right) \right| \leqslant \Delta \qquad (t \geqslant t_s) \tag{3-28}$$

由于 $\pm \dfrac{e^{-\xi\omega_n t}}{\sqrt{1-\xi^2}}$ 所表示的曲线是式(3-28)所描述的减幅正弦曲线的包络线，因此，可将式(3-28)简化为 $\dfrac{e^{-\xi\omega_n t}}{\sqrt{1-\xi^2}} \leqslant \Delta (t \geqslant t_s)$，解得

$$t_s \geqslant \frac{1}{\xi\omega_n} \ln \frac{1}{\sqrt{1-\xi^2}} \tag{3-29}$$

若取 $\Delta = 0.02$，得 $t_s \geqslant \dfrac{4 - \ln\sqrt{1-\xi^2}}{\xi\omega_n}$，当 $0 < \xi < 0.7$ 时，取 $t_s \approx \dfrac{4}{\xi\omega_n}$；

若取 $\Delta = 0.05$，得 $t_s \geqslant \dfrac{3 - \ln\sqrt{1-\xi^2}}{\xi\omega_n}$，当 $0 < \xi < 0.7$ 时，取 $t_s \approx \dfrac{3}{\xi\omega_n}$。

t_s 与 ξ 之间的精确关系可由式(3-28)确定。当 $\Delta = 0.02$，$\xi = 0.76$ 时，t_s 最小；当 $\Delta = 0.05$，$\xi = 0.68$ 时，t_s 最小。在设计二阶系统时，一般取 $\xi = 0.707$ 作为最佳阻尼比。这是因为此时不仅 t_s 小，而且超调量也不大。

在具体设计时，通常根据对最大超调量 M_p 的要求来确定阻尼比 ξ，所以调整时间 t_s 主要是根据系统的 ω_n 来确定的。由此可见，二阶系统的特征参数 ω_n 和 ξ 决定了系统的调整时间 t_s 和最大超调量 M_p，反过来，根据对 t_s 和 M_p 的要求，也能确定二阶系统的特征参数 ω_n 和 ξ。

5. 振荡次数 N

在过渡过程时间 $0 \leqslant t \leqslant t_s$ 内，将 $x_o(t)$ 穿越其稳态值 $x_o(\infty)$ 的次数的一半定义为振荡次数。由式(3-8)可知，系统的振荡周期是 $2\pi/\omega_d$，所以其振荡次数为

$$N = \frac{t_s}{2\pi/\omega_d}$$

因此：当 $0 < \xi < 0.7$，$\Delta = 0.02$ 时，由 $t_s = 4/(\xi\omega_n)$ 与 $\omega_d = \omega_n\sqrt{1-\xi^2}$，得

$$N = \frac{2\sqrt{1-\xi^2}}{\pi\xi} \tag{3-30}$$

当 $0<\xi<0.7$, $\Delta=0.05$ 时,由 $t_s=3/(\xi\omega_n)$ 与 $\omega_d=\omega_n\sqrt{1-\xi^2}$,得

$$N=\frac{1.5\sqrt{1-\xi^2}}{\pi\xi} \tag{3-31}$$

由式(3-30)和式(3-31)可以看出,振荡次数 N 随着 ξ 的增大而减小,它的大小直接反映了系统的阻尼特性。由 t_s 的精确表达式来讨论 N 与 ξ 的关系,此结论不变。

综合上述分析,可将二阶系统的特征参量 ξ、ω_n 与瞬态响应各项指标间的关系归纳如下。

(1) 二阶系统的瞬态响应特性由系统的阻尼比 ξ 和无阻尼固有频率 ω_n 共同决定,欲使二阶系统具有满意的瞬态响应指标,必须综合考虑 ξ 和 ω_n 的影响,选取合适的 ξ 和 ω_n。

(2) 若保持 ξ 不变而增大 ω_n,对超调量 M_p 无影响,却可以减小峰值时间 t_p、上升时间 t_r 和调整时间 t_s,即可以提高系统的快速性。所以,增大系统的无阻尼固有频率对提高系统性能是有利的。

(3) 若保持 ω_n 不变而增大 ξ,会使超调量 M_p 减小,增加相对稳定性,减弱系统的振荡性能。当 $\xi<0.7$ 时,随着 ξ 的增大,t_s 减小;而当 $\xi>0.7$ 时,随着 ξ 的增大,t_r、t_s 均增大(精确计算表明,当 $\xi>0.7$ 时,t_s 随 ξ 的增大而增大),系统的快速性变差。

(4) 系统的响应快速性与相对稳定性之间往往是矛盾的。综合考虑系统的相对稳定性和快速性,通常取 $\xi=0.4\sim 0.8$,这时系统的超调量 M_p 在 25% 至 1.5% 之间。若 $\xi<0.4$,系统超调严重,相对稳定性差;若 $\xi>0.8$,则系统反应迟钝,灵敏性差。当 $\xi=0.707$ 时,超调量 M_p 和调整时间 t_s 均较小,故称 $\xi=0.707$ 为最佳阻尼比。

3.3.6 二阶系统计算举例

例 3-1 某系统如图 3.10 所示,试求其无阻尼固有频率 ω_n、阻尼比 ξ、超调量 M_p、峰值时间 t_p、调整时间 t_s($\Delta=0.05$)。

解 对于图 3.10 所示系统,首先应求出其传递函数,化成标准形式,然后再用公式求出各项特征量及瞬态响应指标。

$$\frac{X_o(s)}{X_i(s)}=\frac{\dfrac{100}{s(50s+4)}}{1+\dfrac{100}{s(50s+4)}\times 0.02}=\frac{100}{s(50s+4)+2}=\frac{2}{s^2+2\times 0.2\times 0.2s+0.2^2}$$

所以 $\omega_n^2=0.2^2$,即 $\omega_n=\dfrac{1}{5}=0.2$ rad/s,阻尼比 $\xi=0.2$。

由式(3-25)可得超调量

$$M_p=\mathrm{e}^{-\frac{\pi\xi}{\sqrt{1-\xi^2}}}=\mathrm{e}^{-\frac{\pi\times 0.2}{\sqrt{1-0.2^2}}}\approx 0.527$$

由式(3-23)可得

$$t_p=-\frac{\pi}{\omega_n\sqrt{1-\xi^2}}=\frac{\pi}{0.2\sqrt{1-0.2^2}}\text{ s}\approx 16.03\text{ s}$$

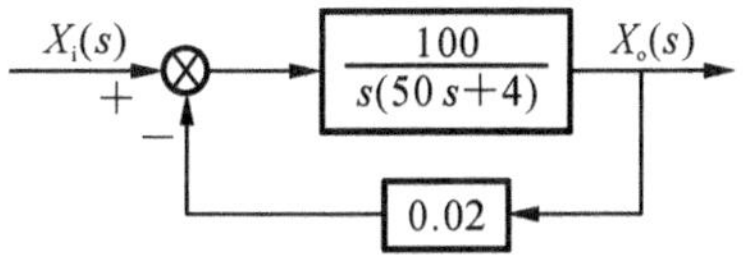

图 3.10 例 3-1 图

由式(3-29)可得
$$t_s \approx \frac{3}{\xi\omega_n} = \frac{3}{0.2 \times 0.2} \text{ s} = 75 \text{ s}$$

例 3-2 如图 3.11(a)所示的机械系统,在质块 m 上施加 $x_i(t) = 8.9$ N 阶跃力后,m 的时间响应 $x_o(t)$。如图 3.11(b)所示,试求系统的 m,k 和 c 值。

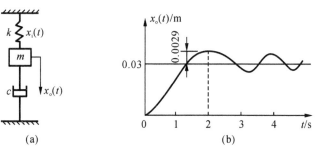

图 3.11 例 3-2 图

解 由图可知,$x_i(t)$ 是阶跃力输入 $x_i(t) = 8.9$ N,$x_o(t)$ 是输出位移。由图可知系统的稳态输出 $x_o(\infty) = 0.03$ m,$x_o(t_p) - x_o(\infty) = 0.0029$ m,$t_p = 2$ s,此系统的传递函数显然为
$$G(s) = \frac{X_o(s)}{X_i(s)} = \frac{1}{ms^2 + cs + k}$$
式中:
$$X_i(s) = \frac{8.9}{s} \text{ N}$$

(1) 求 k。

由拉氏变换的终值定理可知
$$x_o(\infty) = \lim_{t \to \infty} x_o(t) = \lim_{s \to 0} s \cdot x_o(s) = \lim_{s \to 0} \frac{1}{ms^2 + cs + k} \frac{8.9 \text{ N}}{s} = \frac{8.9 \text{ N}}{k}$$

而 $x_o(\infty) = 0.03$ m,因此 $k = 297$ N/m。

其实根据胡克定律很容易直接计算 k。因为 $x_o(0)$ 即为静变形,$x_i(\infty)$ 可视为静载荷,从而有
$$x_i(\infty) = k \cdot x_o(\infty)$$
即得
$$k = x_i(\infty)/x_o(\infty) = 8.9 \text{ N}/0.03 \text{ m} = 297 \text{ N/m}$$

(2) 求 m。

由式(3-23)得
$$M_p = \frac{0.0029}{0.03} \times 100\% = 9.6\%$$

由式(3-25)得,$\xi = 0.6$。

将 $t_p = 2$ s,$\xi = 0.6$ 代入 $t_p = \frac{\pi}{\omega_d} = \frac{\pi}{\omega_n\sqrt{1-\xi^2}}$ 中,得

$$\omega_n = 1.96 \text{ s}^{-1}$$

再由 $k/m = \omega_n^2$ 得

$$m = 77.3 \text{ kg}$$

(3) 求 c。

由 $2\xi\omega_n = c/m$，求得

$$c = 181.8 \text{ N} \cdot \text{s/m}$$

3.4* 高阶系统的时间响应

3.4.1 数学模型

三阶以上的系统称为高阶系统。实际上，大量的系统，特别是机械系统，几乎都可用高阶微分方程来描述。对高阶系统的研究和分析一般是比较复杂的，这就要求在分析高阶系统时，抓住主要矛盾，忽略次要因素，使问题简化。高阶系统均可化为零阶、一阶、二阶环节的组合，而一般所重视的是系统中的二阶环节，特别是二阶振荡环节。

高阶系统传递函数的普遍形式可表示为

$$G(s) = \frac{b_m s^m + b_{m-1} s^{m-1} + \cdots + b_0}{a_n s^n + a_{n-1} s^{n-1} + \cdots + a_0} \quad (n \geqslant m) \tag{3-32}$$

系统的特征方程式为

$$a_n s^n + a_{n-1} s^{n-1} + \cdots + a_0 = 0$$

特征方程有 n 个特征根，设其中 n_1 个为实数根，n_2 对为共轭虚根，应有 $n = n_1 + 2n_2$。由此，特征方程可以分解为 n_1 个一次因式 $(s + p_j)(j = 1, 2, \cdots, n_1)$ 与 n_2 个二次因式 $(s^2 + 2\xi_k \omega_{nk} s + \omega_{nk}^2)(k = 1, 2, \cdots, n_2)$ 的乘积。也就是系统的传递函数有 n_1 个实极点 $(-p_j)$ 及 n_2 对共轭复数极点 $(-\xi_k \omega_{nk} \pm j\omega_{nk}\sqrt{1-\xi_k^2})$。

设系统传递函数有 m 个零点 $-z_i (i = 1, 2, \cdots, m)$，则系统的传递函数可写为

$$G(s) = \frac{k \prod\limits_{i=1}^{m}(s + z_i)}{\prod\limits_{j=1}^{n_1}(s + p_j) \prod\limits_{k=1}^{n_2}(s^2 + 2\xi_k \omega_{nk} s + \omega_{nk}^2)} \tag{3-33}$$

3.4.2 单位阶跃响应

在单位阶跃输入 $X_i(s) = 1/s$ 的作用下，输出为

$$X_o(s) = G(s) \cdot \frac{1}{s} = \frac{k \prod\limits_{i=1}^{m}(s + z_i)}{s \prod\limits_{j=1}^{n_1}(s + p_j) \prod\limits_{k=1}^{n_2}(s^2 + 2\xi_k \omega_{nk} s + \omega_{nk}^2)} \tag{3-34}$$

对式(3-34)按部分分式展开,得

$$X_o(s) = \frac{A_0}{s} + \sum_{j=1}^{n_1} \frac{A_j}{s+p_j} + \sum_{k=1}^{n_2} \frac{B_k s + C_k}{s^2 + 2\xi_k \omega_{nk} s + \omega_{nk}^2} \quad (3-35)$$

式中:A_0、A_j、B_k、C_k 是由部分分式所确定的常数。为此,对 $X_o(s)$ 的表达式进行拉氏反变换后,可得高阶系统的单位阶跃响应为

$$x_o(t) = A_o + \sum_{j=1}^{n_1} A_j e^{-p_j t} + \sum_{k=1}^{n_2} D_k e^{-\xi_k \omega_{nk} t} \sin(\omega_{dk} t + \beta_k) \quad (t \geqslant 0) \quad (3-36)$$

式中:$\beta_k = \arctan \dfrac{B_k \omega_{nk}}{C_k - \xi_{nk} B_k}$,$D_k = \sqrt{B_k^2 + \left(\dfrac{C_k - \xi_{nk} B_k}{\omega_{dk}}\right)}$ $(k=1,2,\cdots,n_2)$。

式(3-36)中第一项为稳态分量,第二项为指数曲线(一阶系统),第三项为振荡曲线(二阶系统)。因此,一个高阶系统的响应可以看成是多个一阶环节和二阶环节响应的叠加。上述一阶环节及二阶环节的响应,决定了 p_j、ξ_k、ω_{nk} 及系数 A_j、D_k,即与零、极点的分布有关。因此,了解零、极点的分布情况,就可以对系统性能进行定性分析。

(1) 当系统闭环极点全部在 s 平面左半平面时,其特征根有负实根,其复根有负实部,从而式(3-36)第二、三项均为衰减项,因此系统总是稳定的。各分量衰减的速度取决于极点离虚轴的距离。当 p_j、ξ_k、ω_{nk} 越大,即离虚轴越远时,衰减越快。

(2) 衰减项中各项的幅值 A_j、D_k 除与它们对应的极点有关外,还与系统的零点有关,系统零点对过渡过程的影响就反映在这上面。极点位置距零点越远,对应项的幅值就越小,对系统过渡过程的影响就越小。另外,当极点和零点距离很近时,对应项的幅值也很小,即这对零、极点对系统过渡过程的影响将很小。系数大而且衰减慢的那些分量,将在动态过程中起主导作用。

(3) 如果高阶系统中离虚轴最近的极点,其实部小于其他极点实部的 $1/5$,并且其附近不存在零点,可以认为系统的动态响应主要由这一极点决定,称为主导极点。利用主导极点的概念,可将主导极点为共轭复数极点的高阶系统降阶,将该高阶系统近似作为二阶系统来处理。

3.5 误差与稳态误差

控制系统的动态响应表征了系统的动态性能,它是控制系统的重要特性之一。控制系统的另一个重要特性是稳态性能,稳态误差的大小是衡量系统稳定性能的重要指标。本节讨论的是系统在没有随机干扰作用,元件也是理想的线性元件的情况下,系统仍然可能存在的误差。

3.5.1 误差与稳态误差的基本概念

对于实际系统来说,输出量常常不能绝对精确地达到所期望的值,期望值与实际输出的差就是所谓的误差。

1. 误差与偏差

系统的误差 $e(t)$ 是以系统输出端为基准来定义的。设 $x_{or}(t)$ 是控制系统所希望的输出，$x_o(t)$ 是控制系统实际的输出，则误差 $e(t)$ 为

$$e(t) = x_{or}(t) - x_o(t)$$

误差 $e(t)$ 的拉氏变换为 $E_1(s)$，则

$$E_1(s) = X_{or}(s) - X_o(s) \tag{3-37}$$

系统的偏差 $\varepsilon(t)$ 是以系统的输入端为基准来定义的

$$\varepsilon(t) = x_i(t) - b(t)$$

偏差 $\varepsilon(t)$ 的拉氏变换为 $E(s)$，则

$$E(s) = X_i(s) - B(s) = X_i(s) - H(s)X_o(s)$$

一般情况下，系统的误差 $E_1(s)$ 和偏差 $E(s)$ 间的关系为

$$E_1(s) = \frac{E(s)}{H(s)}$$

2. 稳态误差与稳态偏差

稳态误差是误差信号的稳态分量，或者说指系统进入稳态后的误差，记为 $e_{ss}(t)$。

稳态误差的定义式为

$$e_{ss}(t) = \lim_{t \to \infty} e(t) = \lim_{s \to 0}[sE_1(s)]$$

同理，稳态偏差的定义式为

$$\varepsilon_{ss}(t) = \lim_{t \to \infty}\varepsilon(t) = \lim_{s \to 0}[sE(s)]$$

3.5.2 参考输入作用下的稳态偏差

现分析图 3.12 所示系统的稳态偏差。由图可知

$$\begin{aligned}E(s) &= X_i(s) - H(s)X_o(s) \\ &= X_i(s) - H(s)G(s)E(s)\end{aligned}$$

故

$$E(s) = \frac{1}{1+G(s)H(s)}X_i(s) \tag{3-38}$$

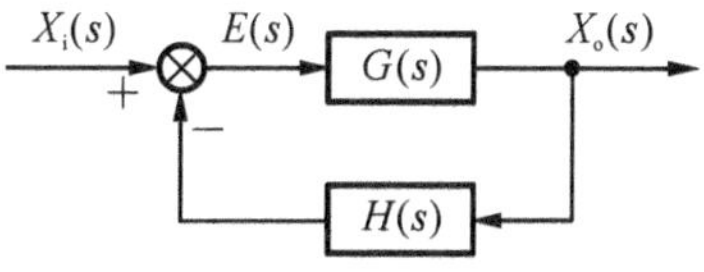

图 3.12　系统框图

由终值定理，得稳态偏差为

$$\varepsilon_{ss} = \lim_{t \to \infty}\varepsilon(t) = \lim_{s \to 0}[sE(s)] = \lim_{s \to 0}\left[s \cdot \frac{1}{1+G(s)H(s)}X_i(s)\right] \tag{3-39}$$

由式(3-39)可知，稳态偏差 ε_{ss} 不仅与系统的特性（如系统的结构和参数等）有关，而且与输入信号的特性有关。

设系统的开环传递函数为

$$G_k(s) = G(s)H(s) = \frac{K\prod_{i=1}^{m}(T_i s + 1)}{s^v \prod_{j=1}^{n-v}(T_j s + 1)} \tag{3-40}$$

式中：v——串联积分环节的个数，或称系统的无差度，它表征了系统的结构特征。

若记
$$G_0(s) = \frac{\prod_{i=1}^{m}(T_i s + 1)}{\prod_{j=1}^{n}(T_j s + 1)}$$

显然
$$\lim_{s \to 0} G_0(s) = 1$$

则可将系统的开环传递函数表示为

$$G_k(s) = G(s)H(s) = \frac{KG_0(s)}{s^v} \tag{3-41}$$

工程上一般规定：当 $v=0$、1 和 2 时，该系统分别称为 0 型、Ⅰ型和Ⅱ型系统。v 越高，稳态精度越高，但稳定性越差，因此，一般系统的 v 值不超过 3。

1. 输入为单位阶跃信号

当输入为单位阶跃信号 $X_i(s) = \frac{1}{s}$ 时，系统的稳态偏差为

$$\varepsilon_{ss} = \lim_{s \to 0}[sE(s)] = \lim_{s \to 0}\left[s \frac{X_i(s)}{1+G(s)H(s)}\right] = \lim_{s \to 0}\left[s \frac{1}{1+G(s)H(s)}\right] = \frac{1}{1+K_p} \tag{3-42}$$

式中：

$$K_p = \lim_{s \to 0}[G(s)H(s)] = \lim_{s \to 0}\left[\frac{K}{s^v}G_0(s)\right] = \lim_{s \to 0}\frac{K}{s^v} \tag{3-43}$$

K_p 称为位置无偏系数。

对于 0 型系统，$K_p = \lim_{s \to 0}\frac{K}{s^0} = K$，$\varepsilon_{ss} = \frac{1}{1+K}$，该系统为位置有差系统，且 K 愈大，ε_{ss} 愈小。

对于Ⅰ、Ⅱ型系统，$K_p = \lim_{s \to 0}\frac{K}{s^v} = \infty$，$\varepsilon_{ss} = 0$，该系统为位置无差系统。

可见，当系统开环传递函数中有积分环节存在时，系统阶跃响应的稳态值将是无差的。而没有积分环节时，稳态是有差的。为了减少误差，应当适当提高放大倍数。但过大的 K 值将影响系统的相对稳定性。

2. 输入为单位斜坡信号

当输入为单位斜坡信号时，即

$$x_i(t) = t, \quad X_i(s) = \frac{1}{s^2}$$

$$\varepsilon_{ss} = \lim_{s \to 0}[sE(s)] = \lim_{s \to 0}\left[s \frac{X_i(s)}{1+G(s)H(s)}\right]$$

$$= \lim_{s \to 0}\left[s \frac{1/s^2}{1+G(s)H(s)}\right] = \lim_{s \to 0}\frac{1}{sG(s)H(s)} = \frac{1}{K_v} \tag{3-44}$$

式中：
$$K_v = \lim_{s \to 0}[sG(s)H(s)] = \lim_{s \to 0}\frac{sKG_0(s)}{s^v} = \lim_{s \to 0}\frac{K}{s^{v-1}} \tag{3-45}$$

K_v 称为速度无偏系数。

对于 0 型系统，$K_v = \lim_{s \to 0}[sK] = 0$，$\varepsilon_{ss} = \frac{1}{K_v} = \infty$；

对于Ⅰ型系统，$K_v = \lim_{s \to 0} \dfrac{K}{s^0} = K$，$\varepsilon_{ss} = \dfrac{1}{K_v} = \dfrac{1}{K}$；

对于Ⅱ型系统，$K_v = \lim_{s \to 0} \dfrac{K}{s} = \infty$，$\varepsilon_{ss} = \dfrac{1}{K_v} = 0$。

上述分析说明，0型系统不能跟随斜坡输入，因为其稳态偏差为∞；Ⅰ型系统可以跟随斜坡输入，但是存在稳态偏差，同样可以增大 K 值来减少偏差；Ⅱ型或高于Ⅱ型的系统，对斜坡输入响应的稳态是无差的。

3. 输入为加速度信号

当输入为加速度信号时，即

$$x_i(t) = \dfrac{1}{2}t^2, \quad X_i(s) = \dfrac{1}{s^3}$$

$$\varepsilon_{ss} = \lim_{s \to 0}[s \cdot E(s)] = \lim_{s \to 0}\left[s \cdot \dfrac{X_i(s)}{1+G(s)H(s)}\right]$$

$$= \lim_{s \to 0}\left[s \cdot \dfrac{1/s^3}{1+G(s)H(s)}\right] = \lim_{s \to 0} \dfrac{1}{s^2 G(s)H(s)} = \dfrac{1}{K_a} \tag{3-46}$$

式中：
$$K_a = \lim_{s \to 0}[s^2 G(s)H(s)] = \lim_{s \to 0} \dfrac{s^2 K G_0(s)}{s^v} = \lim_{s \to 0} \dfrac{K}{s^{v-2}} \tag{3-47}$$

K_a 称为加速度无偏系数。

对于 0、Ⅰ 型系统，$K_a = \lim_{s \to 0} \dfrac{K}{s^{v-2}} = 0$，$\varepsilon_{ss} = \dfrac{1}{K_a} = \infty$；

对于Ⅱ型系统，$K_a = K$，$\varepsilon_{ss} = \dfrac{1}{K}$。

可见，当输入为加速度信号时，0、Ⅰ型系统不能跟随，Ⅱ型系统为有差系统，要无差则应采用Ⅲ型或高于Ⅲ型的系统。Ⅱ型系统加速度信号输入时，输入、输出波形如图 3.13 所示。以上讨论的稳态偏差可以换算为稳态误差。

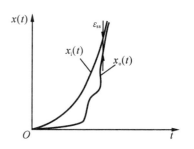

图 3.13 加速度信号输入、输出波形

综上所述，在不同输入时不同类型系统中的稳态偏差可以列成表 3.3。

表 3.3 在不同输入时不同类型系统中的稳态偏差

系统型别	系统的输入		
	单位阶跃输入	单位恒速度输入	单位恒加速度输入
0 型系统	$\dfrac{1}{1+K}$	∞	∞
Ⅰ型系统	0	$\dfrac{1}{K}$	∞
Ⅱ型系统	0	0	$\dfrac{1}{K}$

注：单位反馈时 $\varepsilon_{ss} = e_{ss}$。

根据上面的讨论,可归纳出如下几点。

(1) 关于以上定义的无偏系数的物理意义:稳态偏差与输入信号的形式有关,在随动系统中一般称阶跃信号为位置信号,斜坡信号为速度信号,抛物线信号为加速度信号。由输入"某种"信号而引起的稳态偏差用一个系数来表示,就称为"某种"无偏系数,如输入阶跃信号而引起的无偏系数称位置无偏系数,它表示了稳态的精度。"某种"无偏系数越大,表示精度越高;当无偏系数为零时即稳态偏差无穷大,表示不能跟随输出;无偏系数为无穷大时,则稳态无差。

(2) 当增高系统的型别时,系统的准确性将提高,但当系统采用增加开环传递函数中积分环节的数目的办法来增高系统的型别时,系统的稳定性将变差,因为系统开环传递函数中包含两个以上积分环节时,要保证系统的稳定性是比较困难的,因此Ⅲ型或更高型的系统实现起来是不容易的,实际上也是极少采用的。增大 K 也可以有效地提高系统的准确性,但是也会使系统的稳定性变差。因此,稳定与准确是有矛盾的,需要统筹兼顾。除此之外,为了减小误差,是增大系统的开环放大倍数 K 还是提高系统的型别也需要根据具体情况作全面的考虑。

(3) 根据线性系统的叠加原理,可知当输入控制信号是上述典型信号的线性组合,即 $x_i(t)=a_0+a_1t+a_2t^2/2$ 时,输出量的稳态误差应是它们分别作用时的稳态偏差之和,即系统的稳态偏差为

$$\varepsilon_{ss} = \frac{a_0}{1+K_p} + \frac{a_1}{1+K_v} + \frac{a_2}{1+K_a}$$

(4) 对于单位反馈系统,稳态偏差等于稳态误差。对于非单位反馈系统,可将稳态偏差换算为稳态误差。必须注意,不能将系统化为单位反馈系统,再由计算偏差得到误差,因为这两种方法计算出的偏差和误差是不同的。

3.5.3 给定信号 $r(t)$ 与干扰信号 $f(t)$ 同时作用

当给定信号 $r(t)$ 与干扰信号 $f(t)$ 同时作用于系统时,应用叠加原理求解系统的稳态误差。即控制系统的稳态误差 $e_{ss}(\infty)$ 应是干扰信号 $f(t)$ 引起的稳态误差 $e_{fss}(\infty)$ 和给定信号 $r(t)$ 引起的稳态误差 $e_{rss}(\infty)$ 的代数和,即

$$e_{ss}(\infty) = e_{fss}(\infty) + e_{rss}(\infty)$$

为了减小系统的给定或干扰稳态误差,一般经常采用的方法是提高开环传递函数中的串联积分环节的阶次(但实际中一般取 $v<2$)、增大系统的开环放大系数 K_v,以及采用补偿的方法。

*3.5.4 误差计算

例 3-3 已知某单位反馈的电液反馈伺服系统的开环传递函数为

$$G_k(s) = \frac{17(0.4s+1)}{s^2(0.04s+1)(0.2s+1)(0.007s+1)(0.0017s+1)}$$

试分别求出该系统对单位阶跃、等速度、等加速度输入时的稳态误差。

解 该系统的稳态误差系数为

$$K_p = \lim_{s \to 0} G_k(s) = \infty$$

$$K_v = \lim_{s \to 0} [sG_k(s)] = \infty$$

$$K_a = \lim_{s \to 0} [s^2 G_k(s)] = 17$$

所以该系统对三种典型输入的稳态误差分别为

位置误差 $\quad\quad\quad\quad e_{ssp} = 1/(1+K_p) = 0$

速度误差 $\quad\quad\quad\quad e_{ssv} = 1/K_v = 0$

加速度误差 $\quad\quad\quad\quad e_{ssa} = 1/K_a = 0.059$

例 3-4 图 3.14(a)所示系统中,设干扰信号为单位阶跃输入 $D_1(s) = D_2(s) = \dfrac{1}{s}$,试分别求 $D_1(s)$ 和 $D_2(s)$ 单独作用时,系统的稳态误差 e_{ssd1} 和 e_{ssd2}。

解 假定 $R(s) = 0$,干扰信号 $D_1(s)$、$D_2(s)$ 分别单独作用于系统时,其等效框图如图 3.14(b)、(c)所示。

误差信号分别为

$$E_{D1}(s) = \frac{-F(s)}{1+F(s)G(s)} D_1(s)$$

$$E_{D2}(s) = \frac{-1}{1+F(s)G(s)} D_2(s)$$

利用终值定理求稳态误差,有

$$e_{ssD1} = \lim_{s \to 0} \left[\frac{-sF(s)}{1+G(s)F(s)} \frac{1}{s} \right] = -\frac{F(0)}{1+G(0)F(0)}$$

$$e_{ssD2} = \lim_{s \to 0} \left[\frac{-s}{1+G(s)F(s)} \frac{1}{s} \right] = -\frac{1}{1+G(0)F(0)}$$

一般情况下,$G(0)F(0) \gg 1$,所以有

$$e_{ssD1} \approx -\frac{1}{G(0)}, \quad e_{ssD2} \approx -\frac{1}{G(0)F(0)}$$

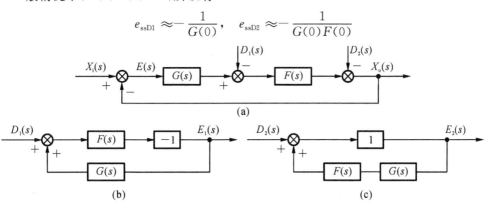

图 3.14 例 3-4 图

(a) 有外干扰的反馈控制系统;(b) 单独加上 $D_1(s)$ 的框图;(c) 单独加上 $D_2(s)$ 的框图

由此题可以看出,干扰信号引起的稳态误差与干扰信号的作用点有关,误差的大小主要取决于干扰信号作用点之前的环节增益,比如 e_{ssD1} 主要取决于 $G(0)$,而 e_{ssD2} 则主要取决于 $G(0)F(0)$。

习　题

3-1　什么是时间响应?时间响应由哪些部分组成?各部分的定义是什么?

3-2　时间响应的瞬态响应反映哪方面的性能?而稳态响应反映哪方面的性能?

3-3　设系统的单位脉冲响应函数如下,试求这些系统的传递函数。

(1) $x_i(t)=0.2e^{-1.25t}$;(2) $x_i(t)=5t+10\sin\left(4t+\dfrac{\pi}{4}\right)$。

3-4　已知控制系统的微分方程为 $2.5\dot{y}(t)+y(t)=20x(t)$,试用拉氏变换法求该系统的单位脉冲响应和单位阶跃响应,并讨论二者有何关系。

3-5　题 3-5 图为某数控机床系统的位置随动系统的方框图,试求:

(1) 阻尼比 ξ 及无阻尼固有频率 ω_n;

(2) 求该系统的 M_p、t_p、t_s 和 N。

3-6　要使题 3-6 图所示系统的单位阶跃响应的最大超调量等于 25%,峰值时间 t_p 为 2 s,试确定 K 和 K_f 的值。

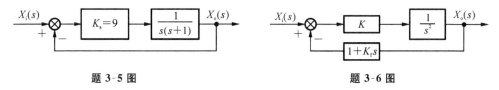

题 3-5 图　　　　　　　　　题 3-6 图

3-7　已知单位反馈系统的开环传递函数为 $G_K(s)=\dfrac{K}{s(s+1)(s+5)}$,试求输入为单位斜坡信号,系统稳态误差 $e_{ss}=0.01$ 时的 K 值。

3-8　如题 3-8 图所示系统,试求:

(1) K_h 为多少时,$\xi=0.5$;

(2) 单位阶跃响应的超调量和调整时间;

(3) 比较加入 $(1+K_h s)$ 与不加入 $(1+K_h s)$ 时系统的性能。

3-9　系统的负载变化往往是系统的主要干扰因素。已知系统如题 3-9 图所示,试分析干扰 $N(s)$ 对系统输出和稳态误差的影响。

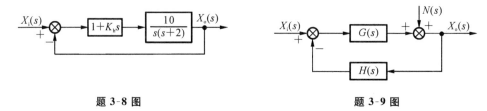

题 3-8 图　　　　　　　　　题 3-9 图

第4章　控制系统的频率特性分析

时域分析法是分析控制系统的最基本方法,利用该方法能准确地分析控制系统的动态性能和稳态性能,但它对高阶系统的响应求解比较困难。当需要研究系统变参数影响时,计算量更大,难以找出其规律。因此,工程实践中,常用频率特性分析方法来研究系统。频率特性分析法是一种图形法,采用该方法时不必直接求解系统的微分方程,而是用频率特性分析法将系统的特性展示在复平面上,用以分析参数或环节对系统性能的影响,为系统的校正提供理论依据。

控制系统的时域分析法和频率特性分析法是经典控制理论的两个重要组成部分,既相互渗透,又相互补充,在控制理论中占有重要地位。频率特性分析法具有较强的直观性和明确的物理意义,可用实验的方法测量系统的频率响应,因此,频率特性分析法在控制工程中得到了广泛应用。

频率特性的定义是以输入信号为谐波信号给出的。当输入信号为周期信号时,可将其分解为叠加的频谱离散的谐波信号;当输入信号为非周期信号时,可将非周期信号看成是周期为无穷大的周期信号,因此,非周期信号可分解为叠加的频谱连续的谐波信号。这样一来,就可用关于系统对不同频率的谐波信号的响应特性研究,取代关于系统对任何信号的响应特性的研究。

4.1　频率特性概述

4.1.1　频率特性的基本概念

1. 频率响应

线性定常控制系统或元件对正弦输入信号(或谐波信号)的稳态正弦输出响应称为频率响应。

图 4.1(a)所示为一线性定常系统,对其输入谐波信号 $x_i(t) = X_i \sin\omega t$,系统的稳态输出响应为 $x_o(t) = X_o(\omega) \sin[\omega t + \varphi(\omega)]$。比较二者可以看出,系统的稳态输出响应与输入信号频率相同,但幅值和相位发生了变化。输出谐波的幅值正比于输入谐波的幅值 X_i,且是输入谐波信号频率 ω 的非线性函数 $X_o(\omega)$;输出谐波的相位与 X_i 无关,与输出谐波的相位之差是 ω 的非线性函数 $\varphi(\omega)$。

2. 频率特性

线性定常系统在正弦输入信号的作用下,其稳态输出(频率响应)信号的幅值与输入

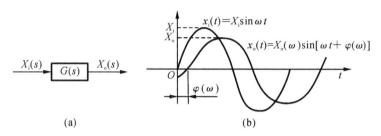

图 4.1 系统的稳态输入、输出波形

信号的幅值之比称为幅频特性,记作 $A(\omega)=\dfrac{X_o(\omega)}{X_i(\omega)}$;输出信号与输入信号的相位之差称为相频特性,记作 $\varphi(\omega)$。幅频特性和相频特性都是频率 ω 的函数,二者合称为系统的频率特性,记作 $A(\omega)\angle\varphi(\omega)$ 或 $A(\omega)e^{j\varphi(\omega)}$。也就是说,将频率特性定义为 ω 的复变函数,其幅值为 $A(\omega)$,相位为 $\varphi(\omega)$。

3. 频率特性的数学本质

设线性定常系统的传递函数为

$$G(s)=\frac{X_o(s)}{X_i(s)}=\frac{b_m s^m+b_{m-1}s^{m-1}+\cdots+b_1 s+b_0}{a_n s^n+a_{n-1}s^{n-1}+\cdots+a_1 s+a_0} \quad (n\geqslant m)$$

有

$$X_o(s)=\frac{(b_m s^m+b_{m-1}s^{m-1}+\cdots+b_1 s+b_0)/a_n}{(s-s_1)(s-s_2)\cdots(s-s_n)}X_i(s) \tag{4-1}$$

当给系统输入正弦波信号时,即 $x_i(t)=X_i\sin\omega t$

则

$$X_i(s)=\frac{X_i\omega}{s^2+\omega^2} \tag{4-2}$$

将式(4-2)代入式(4-1),可得系统的输出信号为

$$X_o(s)=\frac{(b_m s^m+b_{m-1}s^{m-1}+\cdots+b_1 s+b_0)/a_n}{(s-s_1)(s-s_2)\cdots(s-s_n)}\frac{X_i\omega}{s^2+\omega^2}$$

$$=\sum_{i=1}^{n}\frac{a_i}{(s-s_i)}+\left(\frac{b}{s+j\omega}+\frac{\bar{b}}{s-j\omega}\right) \tag{4-3}$$

式中:s_i——系统特征方程的根;

a_i、b、$\bar{b}$($\bar{b}$ 为 b 的共轭复数)——待定系数。

对式(4-3)进行拉氏反变换,得系统的输出信号为

$$x_o(t)=\sum_{i=1}^{n}a_i e^{s_i t}+(be^{-j\omega t}+\bar{b}e^{j\omega t}) \tag{4-4}$$

对于稳定系统而言,式(4-4)中的第一部分为瞬态响应,由于系统特征根 s_i 均具有负实部,故当时间 $t\to\infty$ 时,瞬态响应趋近于零。第二部分为稳态响应,用 $x_{os}(t)$ 表示,有

$$x_{os}(t)=be^{-j\omega t}+\bar{b}e^{j\omega t} \tag{4-5}$$

其中,b、$\bar{b}$ 可用待定系数法求得,即

$$b=G(s)\frac{X_i\omega}{(s-j\omega)(s+j\omega)}(s+j\omega)\bigg|_{s=-j\omega}=-\frac{X_i G(-j\omega)}{j2}=-\frac{X_i A(\omega)e^{-j\varphi(\omega)}}{j2}$$

$$\bar{b} = G(s)\frac{X_i\omega}{(s-j\omega)(s+j\omega)}(s-j\omega)\Big|_{s=j\omega} = \frac{X_i G(j\omega)}{j2} = \frac{X_i A(\omega) e^{j\varphi(\omega)}}{j2}$$

将 $b、\bar{b}$ 代入式(4-5)中,则系统稳态响应为

$$x_{\text{os}}(t) = X_i A(\omega)\frac{e^{j[\omega t+\varphi(\omega)]}+e^{-j[\omega t+\varphi(\omega)]}}{j2}$$

由欧拉公式可得

$$x_{\text{os}}(t) = X_\text{o}\sin[\omega t+\varphi(\omega)] \tag{4-6}$$

式(4-6)表明,线性系统在正弦信号作用下,其输出量的稳态分量的频率与输入信号相同,其幅值 $X_\text{o}=X_i A(\omega)$,相位差为 $\varphi(\omega)$,即 $A(\omega)=|G(j\omega)|$,$\varphi(\omega)=\angle G(j\omega)$。

因为 $|G(j\omega)|\angle G(j\omega)=G(j\omega)$,所以 $G(j\omega)$ 为系统的频率特性,而 $G(j\omega)$ 可直接通过将 $G(s)$ 中的 s 以 $j\omega$ 代之而得到,这就说明了传递函数与频率特性之间的关系。

4. 频率特性的表达方式

系统的频率特性函数是一种复变函数,其矢量图如图 4.2 所示。系统的频率特性函数可用以下几种方式表示。

(1) 代数式　　$G(j\omega)=U(\omega)+jV(\omega)$

式中:$U(\omega)$——实频特性;

$V(\omega)$——虚频特性。

幅频特性

$$A(\omega)=|G(j\omega)|=\sqrt{[U(\omega)]^2+[V(\omega)]^2}$$

相频特性

$$\varphi(\omega)=\angle G(j\omega)=-\arctan\frac{V(\omega)}{U(\omega)}$$

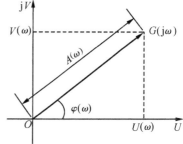

图 4.2　频率响应矢量图

(2) 三角函数式　　$G(j\omega)=A(\omega)[\cos\varphi(\omega)+j\sin\varphi(\omega)]$

(3) 极坐标式　　$G(j\omega)=A(\omega)\angle\varphi(\omega)$

(4) 指数式　　$G(j\omega)=A(\omega)e^{j\varphi(\omega)}$

5. 频率特性的特点和作用

频率特性分析法广泛应用于机械、电气、流体传动等各种系统中,是分析线性定常系统的基本方法之一。系统的频率特性有以下特点。

(1) 系统频率特性函数就是单位脉冲响应函数 $\omega(t)$ 经拉氏变换后所得函数,即系统频率特性就是 $\omega(t)$ 的频谱。所以,对系统频率特性的分析就是对单位脉冲响应函数的频谱分析,$F[\omega(t)]=G(j\omega)$。

(2) 时间响应分析主要用于分析线性系统的过渡过程,以获得系统的动态特性,而频率特性分析则通过分析不同的谐波输入时系统的稳态响应,来获得系统的动态特性。

(3) 在研究系统的结构及参数的变化对系统性能的影响时,许多情况下,采用频率特性分析法比采用时域分析法要容易些。

(4) 若所研究系统的阶次较高,特别是对于不能用解析法求得微分方程的系统,在时

域中进行时域分析比较困难,而采用频率特性分析可以较方便地解决此问题。

由此可见,在经典控制理论中,频率特性分析法比时域分析法更有优势。

4.1.2 频率特性的求取及表示方法

频率特性的求取内容主要包括其相频特性与幅频特性,一般有三种求取方法。

(1) 定义法 如果已知系统的微分方程,可将输入变量以正弦函数代入,求系统输出变量的稳态解(频率响应),输出变量的稳态解与输入变量的复数比即为系统的频率特性函数。

(2) jω 替代法 如果已知系统的传递函数,可将系统传递函数中的 s 以 $j\omega$ 替代,即可得到系统的频率特性函数。

(3) 试验法 这是对实际系统求取频率特性的一种常用而又重要的方法。根据频率特性的定义,首先,保持输入正弦信号的幅值和初相角不变,只改变频率 ω,测出输出信号的幅值和相位角;其次,作出幅值比-频率函数曲线,此即幅频特性曲线 $A(\omega)$;最后,作出相位差-频率函数曲线,此即相频特性曲线 $\varphi(\omega)$。

例 4-1 已知系统的传递函数 $G(s) = \dfrac{K}{Ts+1}$,求其频率特性。

解法 1 定义法

因为 $x_i(t) = X_i \sin\omega t$,则 $\quad X_i(s) = \dfrac{X_i \omega}{s^2 + \omega^2}$

所以 $\quad X_o(s) = G(s) X_i(s) = \dfrac{K}{Ts+1} \dfrac{X_i \omega}{s^2 + \omega^2}$

由拉氏反变换得

$$x_o(t) = \dfrac{X_i K T\omega}{1 + T^2 \omega^2} e^{-\frac{t}{T}} + \dfrac{X_i K}{\sqrt{1 + T^2 \omega^2}} \sin[\omega t - \arctan(T\omega)]$$

式中:第一项为瞬态分量,第二项为稳态分量。

依据定义可得系统的幅频特性为

$$A(\omega) = \dfrac{K}{\sqrt{1 + T^2 \omega^2}}$$

系统的相频特性为 $\quad \varphi(\omega) = -\arctan(T\omega)$

解法 2 jω 替代法

系统的频率特性为

$$G(j\omega) = G(s)\Big|_{s=j\omega} = \dfrac{K}{1+j T\omega} = \dfrac{K(1 - jT\omega)}{(1+jT\omega)(1-jT\omega)} = \dfrac{K - jTK\omega}{1 + (T\omega)^2}$$

幅频特性为 $\quad A(\omega) = |G(j\omega)| = \dfrac{K}{\sqrt{1+T^2\omega^2}}$

相频特性为 $\quad \varphi(\omega) = \angle G(j\omega) = -\arctan T\omega$

4.2 频率特性的极坐标(Nyquist)图

控制系统频率特性的表示方法有幅相频率特性(Nyquist)图法、对数频率特性(Bode)图法和对数幅相频率特性(Nichols)图法,而 Nyquist 图法与 Bode 图法更为常用。

4.2.1 [$G(j\omega)$]复平面

幅相频率特性是在图 4.3 所示的[$G(j\omega)$]复平面上研究的,当 ω 从 $0 \to +\infty$ 变化时,$G(j\omega)$作为一个矢量,其端点在[$G(j\omega)$]复平面上所形成的轨迹就是频率特性的极坐标图,亦称 Nyquist 图。它一方面表示了幅值与频率、相位与频率的关系特性,同时也表示了实频 $U(\omega)$ 和虚频 $V(\omega)$ 的变化特性。

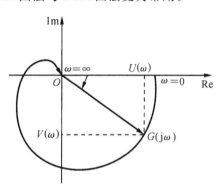

图 4.3 频率特性的极坐标图

4.2.2 典型环节的 Nyquist 图

由于任何系统的数学模型均可以看成由若干个典型基本环节组成,因此掌握典型环节的幅相频率特性是研究控制系统幅相频率特性的关键。

1. 比例环节

比例环节的传递函数为 $G(s)=K$, $K>0$

令 $s=j\omega$,则可得比例环节的频率特性为
$$G(j\omega) = K$$

显然,实频特性 U 为恒值 K,虚频特性 V 恒为 0,故

幅频特性 $\quad |G(j\omega)|=\sqrt{U^2+V^2}=\sqrt{K^2+0}=K$

相频特性 $\quad \angle G(j\omega)=\arctan(V/U)=\arctan(0/K)=0°$

可见,当 ω 从 $0 \to +\infty$ 变化时,$G(j\omega)$的幅值和相位角均不变。所以,比例环节的 Nyquist 图为实轴上的一个定点$(K,j0)$,如图 4.4(a)所示。

2. 积分环节

积分环节的传递函数为 $G(s)=1/s$,同样方法可得频率特性 $G(j\omega)=-j/\omega$。

实频特性 U 为恒值 0,虚频特性 $V=-1/\omega$,故

幅频特性 $\quad |G(j\omega)|=1/\omega$

相频特性 $\quad \angle G(j\omega)=-90°$

当 $\omega=0$ 时, $\quad |G(j\omega)|=\infty, \quad \angle G(j\omega)=-90°$

当 $\omega \to \infty$ 时, $\quad |G(j\omega)|=0, \quad \angle G(j\omega)=-90°$

可见,当 ω 从 $0 \to +\infty$ 变化时,$G(j\omega)$的幅值由 $-\infty \to 0$,相位角恒为 $-90°$。所以,积分环节的 Nyquist 图是一与虚轴负段重合的直线,且由无穷远处指向原点,如图 4.4(b)

所示。

3. 微分环节

微分环节的传递函数为 $G(s)=s$

频率特性 $G(j\omega)=j\omega$

实频特性 U 恒为 0，虚频特性 $V=\omega$，故

幅频特性 $|G(j\omega)|=\omega$

相频特性 $\angle G(j\omega)=90°$

当 $\omega=0$ 时， $|G(j\omega)|=0$， $\angle G(j\omega)=90°$

当 $\omega=\infty$ 时， $|G(j\omega)|=\infty$， $\angle G(j\omega)=90°$

可见，当 ω 从 $0\to+\infty$ 变化时，$G(j\omega)$ 的幅值由 $0\to+\infty$，相位角恒为 $90°$。所以，微分环节的 Nyquist 图与虚轴的上半轴重合，由原点指向无穷远点，如图 4.4(c) 所示。

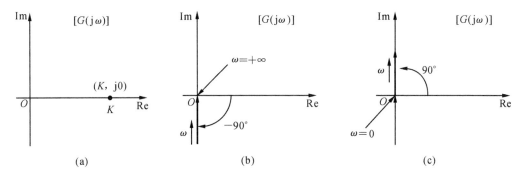

图 4.4 比例、积分和微分环节的 Nyquist 图

(a) 比例环节；(b) 积分环节；(c) 微分环节

4. 惯性环节

惯性环节的传递函数为 $G(s)=\dfrac{1}{Ts+1}$

频率特性 $G(j\omega)=\dfrac{1}{1+jT\omega}=\dfrac{1}{1+T^2\omega^2}+j\dfrac{-T\omega}{1+T\omega}$

实频特性 $U(\omega)=\dfrac{1}{1+T^2\omega^2}$

虚频特性 $V(\omega)=\dfrac{-T\omega}{1+T\omega}$

故有

幅频特性 $|G(j\omega)|=\dfrac{1}{\sqrt{1+T^2\omega^2}}$

相频特性 $\angle G(j\omega)=-\arctan(T\omega)$

当 $\omega=0$ 时， $|G(j\omega)|=1$， $\angle G(j\omega)=0°$

当 $\omega=1/T$ 时， $|G(j\omega)|=\sqrt{2}/2$， $\angle G(j\omega)=-45°$

当 $\omega=+\infty$ 时， $|G(j\omega)|=0$， $\angle G(j\omega)=-90°$

可见,当 ω 从 $0 \to +\infty$ 变化时,$G(j\omega)$ 的幅值由 $1 \to 0$,相位角为 $0 \to -90°$。所以,惯性环节的 Nyquist 图为正实轴下的一个半圆,圆心为 $(1/2, j0)$,半径为 $1/2$。对此可证明如下。

虚频特性与实频特性之比为

$$\frac{V(\omega)}{U(\omega)} = -T\omega$$

将其代入实频特性表达式、展开并配方得

$$\left[U(\omega) - \frac{1}{2}\right]^2 + V^2(\omega) = \left(\frac{1}{2}\right)^2$$

上式代表一个圆的方程式,圆的半径为 $1/2$,圆心在 $(1/2, j0)$ 处,如图 4.5 所示。

5. 一阶微分环节

一阶微分环节(或称导前环节)的传递函数为

$$G(s) = 1 + Ts$$

频率特性 $\qquad G(j\omega) = 1 + jT\omega$

实频特性 $\qquad U(\omega) = 1$

虚频特性 $\qquad V(\omega) = T\omega$

故有

幅频特性 $\qquad |G(j\omega)| = \sqrt{1 + T^2\omega^2}$

相频特性 $\qquad \angle G(j\omega) = \arctan T\omega$

当 $\omega = 0$ 时, $\qquad |G(j\omega)| = 1, \quad \angle G(j\omega) = 0°$

当 $\omega = 1/T$ 时, $\qquad |G(j\omega)| = \sqrt{2}/2, \quad \angle G(j\omega) = 45°$

当 $\omega = +\infty$ 时, $\qquad |G(j\omega)| = \infty, \quad \angle G(j\omega) = 90°$

可见,当 ω 从 $0 \to +\infty$ 变化时,$G(j\omega)$ 的幅值由 $1 \to +\infty$,相位角为 $0 \to 90°$。所以,一阶微分环节的 Nyquist 图为一条始于 $(1, j0)$ 点,平行于虚轴,位于第一象限的一条垂线,如图 4.6 所示。

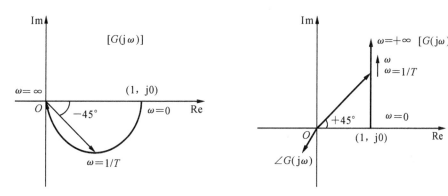

图 4.5 惯性环节的 Nyquist 图 　　图 4.6 一阶微分环节的 Nyquist 图

6. 二阶振荡环节

二阶振荡环节的传递函数为

$$G(s) = \frac{1}{T^2 s^2 + 2\xi s + 1} = \frac{\omega_n^2}{s^2 + 2\xi\omega_n s + \omega_n^2} \quad \left(\omega_n = \frac{1}{T}, 0 < \xi < 1\right)$$

频率特性 $G(j\omega) = \dfrac{\omega_n^2}{(j\omega)^2 + j2\xi\omega_n\omega + \omega_n^2} = \dfrac{1}{1 - \left(\dfrac{\omega}{\omega_n}\right)^2 + j2\xi\dfrac{\omega}{\omega_n}}$

故有

幅频特性 $|G(j\omega)| = \dfrac{1}{\sqrt{\left[1 - \left(\dfrac{\omega}{\omega_n}\right)^2\right]^2 + \left(2\xi\dfrac{\omega}{\omega_n}\right)^2}}$

相频特性 $\angle G(j\omega) = -\arctan \dfrac{2\xi\dfrac{\omega}{\omega_n}}{1 - \left(\dfrac{\omega}{\omega_n}\right)^2}$

当 $\omega = 0$ 时，$\quad |G(j\omega)| = 1, \quad \angle G(j\omega) = 0°$
当 $\omega = \omega_n$ 时，$\quad |G(j\omega)| = 1/(2\xi), \quad \angle G(j\omega) = -90°$
当 $\omega = \infty$ 时，$\quad |G(j\omega)| = 0, \quad \angle G(j\omega) = -180°$

可见，当 ω 从 $0 \to +\infty$ 变化时，$G(j\omega)$ 的幅值由 $1 \to 0$，相位角为 $0 \to -180°$。所以，二阶振荡环节的 Nyquist 图始于 $(1, j0)$ 点，终止于原点，曲线与虚轴的交点频率就是无阻尼固有频率 ω_n，此时幅值为 $1/(2\xi)$，曲线分布在第三、第四象限，如图 4.7 所示。

在阻尼比 ξ 较小时，幅频特性 $|G(j\omega)|$ 在频率为 ω_r 处出现峰值，此峰值称为谐振峰值，ω_r 称为谐振频率。ω_r 的计算式为

$$\omega_r = \omega_n \sqrt{1 - 2\xi^2} \tag{4-7}$$

$$|G(j\omega_r)| = \frac{1}{2\xi\sqrt{1-\xi^2}} \tag{4-8}$$

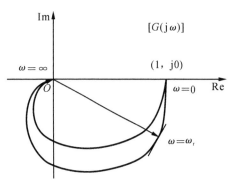

图 4.7 二阶振荡环节的 Nyquist 图

从式(4-7)可知，当 $\xi < \sqrt{2}/2$ 时，ω_r 才存在；ξ 越小，ω_r 越大，$\xi = 0$ 时，$\omega_r = \omega_n$。

7. 二阶微分环节

二阶微分环节的传递函数为 $\quad G(s) = T^2 s^2 + 2T\xi s + 1$

频率特性 $\quad G(j\omega) = 1 - T^2\omega^2 + j2T\xi\omega$

实频特性 $\quad U(\omega) = 1 - T^2\omega^2$

虚频特性 $\quad V(\omega) = 2T\xi\omega$

故有

幅频特性 $\quad |G(j\omega)| = \sqrt{(1 - T^2\omega^2)^2 + (2T\xi\omega)^2}$

相频特性 $\quad\angle G(j\omega)=\arctan\dfrac{2T\xi\omega}{1-T^2\omega^2}$

当 $\omega=0$ 时,$\quad |G(j\omega)|=1,\quad \angle G(j\omega)=0°$

当 $\omega=1/T(\omega_n)$ 时,$\quad |G(j\omega)|=2\xi,\quad \angle G(j\omega)=90°$

当 $\omega=+\infty$ 时,$\quad |G(j\omega)|=+\infty,\quad \angle G(j\omega)=180°$

可见,当 ω 从 $0\to+\infty$ 变化时,$G(j\omega)$ 的幅值由 $1\to+\infty$,相位角由 $0\to180°$。所以,二阶微分环节的 Nyquist 图始于 $(1,j0)$ 点,为上半平面上的曲线,并且 ξ 取值不同,其图形也不同。曲线与虚轴的交点的频率为 $\omega_n=1/T$,此时的幅值为 2ξ,如图 4.8 所示。

8. 延迟环节

延迟环节的传递函数为 $\quad G(s)=e^{-\tau s}$

频率特性为 $\quad G(j\omega)=e^{-j\tau\omega}=\cos(\tau\omega)-j\sin(\tau\omega)$

实频特性 $\quad U(\omega)=\cos(\tau\omega)$

虚频特性 $\quad V(\omega)=-\sin(\tau\omega)$

故有

幅频特性 $\quad |G(j\omega)|=1$

相频特性 $\quad \angle G(j\omega)=-\tau\omega$

可见,延迟环节的极坐标图是一个单位圆。其幅频特性 $A(\omega)$ 恒为 1,而相频特性 $\varphi(\omega)$ 随频率 ω 顺时针方向成正比例变化,即矢量端点在单圆上无限循环,如图 4.9 所示。

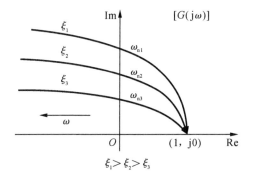

图 4.8 二阶微分环节的 Nyquist 图

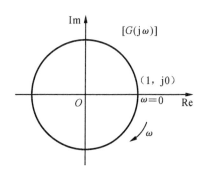

图 4.9 延迟环节的 Nyquist 图

例 4-2 设一系统的开环传递函数为 $G(s)=\dfrac{10}{s(2s+1)}$,试绘制其 Nyquist 图。

解 开环系统的频率特性为

$$G(j\omega)=\dfrac{10}{(j\omega)(1+j2\omega)}=\dfrac{-20}{(1+4\omega^2)}+j\dfrac{-10}{\omega(1+4\omega^2)}$$

由上式可见,系统是由比例环节、积分环节和一个惯性环节串联而成的。

实频特性 $\quad U(j\omega)=\dfrac{-20}{(1+4\omega^2)}$

虚频特性 $\quad U(j\omega)=\dfrac{-10}{\omega(1+4\omega^2)}$

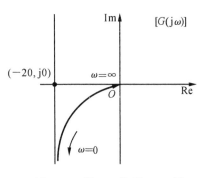

图 4.10 例 4-2 的 Nyquist 图

其幅频特性 $|G(j\omega)| = \dfrac{10}{\omega\sqrt{(1+4\omega^2)}}$

相频特性 $\angle G(j\omega) = -90° - \arctan 2\omega$

当 $\omega = 0$ 时，$U(\omega) = -20$，$V(\omega) = -\infty$

$|G(j\omega)| = +\infty$，$\angle G(j\omega) = -90°$

当 $\omega = +\infty$ 时，$U(\omega) = 0$，$V(\omega) = 0$

$|G(j\omega)| = 0$，$\angle G(j\omega) = -180°$

该系统的 Nyquist 图如图 4.10 所示。不难看出，当 $\omega \to 0$ 时，Nyquist 曲线渐近于过点 $(-20, j0)$ 且平行于虚轴的直线。

4.3 频率特性的对数坐标(Bode)图

4.3.1 概述

对数坐标图是频率特性的另一种图形描述。对数幅频特性图的纵坐标(线性分度)表示频率特性的对数幅值，其表达式为 $L(\omega) = 20\lg|G(j\omega)| = 20\lg A(\omega)$，单位是分贝(dB)；横坐标(对数分度)表示频率值 ω，单位是弧度/秒(rad/s)。对数相频特性图的纵坐标(线性分度)表示频率特性的相位，单位是度；横坐标(对数分度)表示频率值 ω，单位是弧度/秒(rad/s)。这两张图合起来称为频率特性的对数坐标图，又称波德(Bode)图，如图 4.11 所示。

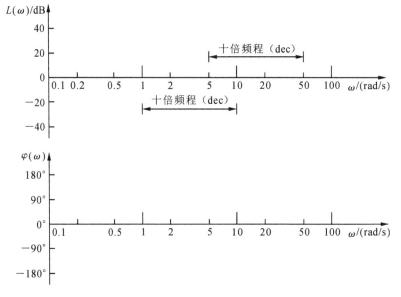

图 4.11 Bode 图坐标系

为了方便直观比较起见，两张图上下对齐；横坐标为对数分度，习惯上只标真值 ω 值，而不标 $\lg\omega$；纵轴可根据需要放在 $\omega>0$ 的任意值处。

频率特性的 Bode 图表示具有如下优点。

（1）可将串联环节幅值的乘、除转化为幅值的加、减，从而简化了计算和作图过程。

（2）可用近似方法作图：先分段用直线作出对数频率特性的渐近线，再用修正曲线对渐近线进行修正。

（3）可分别作出各典型环节的 Bode 图，再用叠加的方法得出系统的 Bode 图，并由此可看出各环节对系统总特性的影响。

4.3.2 典型环节的 Bode 图

1. 比例环节

比例环节的频率特性 $\qquad G(j\omega)=K$

对数幅频特性 $\qquad L(\omega)=20\lg|G(j\omega)|=20\lg K$

对数相频特性 $\qquad \varphi(\omega)=\angle G(j\omega)=0°$

分析可知，比例环节频率特性的幅值和相位角均不随 ω 变化，故其对数幅频特性为一水平线，而对数相频特性恒为 $0°$，如图 4.12 所示。

2. 积分环节

积分环节的频率特性 $\qquad G(j\omega)=\dfrac{1}{j\omega}=\dfrac{1}{\omega}e^{-j\frac{\pi}{2}}$

对数幅频特性 $\qquad L(\omega)=20\lg\dfrac{1}{\omega}=-20\lg\omega$

对数相频特性 $\qquad \varphi(\omega)=-90°$

当 $\omega=1$ 时， $\qquad L(\omega)=0\ \text{dB},\quad \varphi(\omega)=-90°$

当 $\omega=10$ 时， $\qquad L(\omega)=-20\ \text{dB},\quad \varphi(\omega)=-90°$

可见，积分环节的对数幅频特性是一条过点(1,0)的直线，其斜率为 -20 dB/dec(dec 表示十倍频程，即横坐标的频率由 ω 增加到 10ω），即频率每扩大 10 倍，对数幅频特性下降 20 dB。对数相频特性恒为一条 $-90°$ 的水平线，如图 4.13 所示。

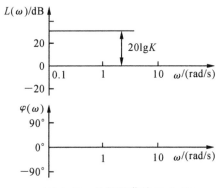

图 4.12　比例环节的 Bode 图

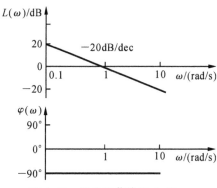

图 4.13　积分环节的 Bode 图

3. 微分环节

微分环节的频率特性 $G(j\omega)=j\omega=\omega e^{j\frac{\pi}{2}}$

对数幅频特性 $L(\omega)=20\lg\omega$

对数相频特性 $\varphi(\omega)=90°$

当 $\omega=1$ 时， $L(\omega)=0$ dB， $\varphi(\omega)=90°$

当 $\omega=10$ 时， $L(\omega)=20$ dB， $\varphi(\omega)=90°$

可见，微分环节的对数幅频特性是一条过点(1,0)的直线，其斜率为 20 dB/dec，即频率每扩大 10 倍，对数幅频特性上升 20 dB。对数相频特性恒为一条+90°的水平线，如图 4.14 所示。

4. 惯性环节

惯性环节的频率特性 $G(j\omega)=\dfrac{1}{1+j T\omega}=\dfrac{1}{\sqrt{1+(T\omega)^2}}e^{-\arctan(T\omega)}$

对数幅频特性 $L(\omega)=-20\lg\sqrt{1+T^2\omega^2}$

对数相频特性 $\varphi(\omega)=-\arctan(T\omega)$

当 $\omega\ll 1/T$ 时，$L(\omega)\approx 0$ dB，即对数幅频特性在低频段近似为 0 dB 水平线，称为低频渐近线。

当 $\omega\gg 1/T$ 时，$L(\omega)\approx -20\lg(T\omega)$ dB，即对数幅频特性在高频段近似为斜率等于 -20 dB/dec 的直线，称为高频渐近线。低频渐近线与高频渐近线在 $\omega=1/T$ 处相交，称 $\omega=1/T$ 的频率为转折频率，记为 ω_T。

当 $\omega=0$ 时，$\varphi(\omega)=0°$；当 $\omega=1/T$（转折频率）时，$\varphi(\omega)=-45°$；当 $\omega=\infty$ 时，$\varphi(\omega)=-90°$。对数相频特性是一条反正切函数曲线，所以相位曲线对 $\varphi=-45°$ 弯点是斜对称的。

惯性环节的 Bode 图如图 4.15 所示。

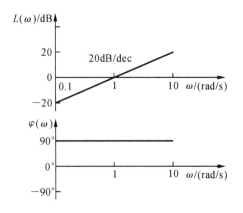

图 4.14 微分环节的 Bode 图

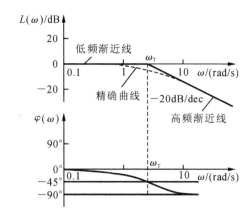

图 4.15 惯性环节的 Bode 图

5. 一阶微分环节

一阶微分环节的频率特性为 $G(j\omega)=1+jT\omega$，它与惯性环节的频率特性互为倒数。因此，一阶微分环节与惯性环节的对数幅频特性和对数相频特性关于横坐标轴镜像对称。

一阶微分环节用低频、高频渐近线描绘的 Bode 图如图 4.16 所示。

6. 二阶振荡环节

二阶振荡环节的频率特性为

$$G(j\omega)=\frac{1}{1-T^2\omega^2+j2\xi T\omega}=\frac{1}{\sqrt{[1-(T\omega)^2]^2+(2\xi T\omega)^2}}e^{-j\arctan\frac{2\xi T\omega}{1-(T\omega)^2}}$$

对数幅频特性 $\qquad L(\omega)=-20\lg\sqrt{(1+T^2\omega^2)^2+(2\xi T\omega)^2}$

对数相频特性 $\qquad \varphi(\omega)=-\arctan\dfrac{2\xi T\omega}{1-T^2\omega^2}$

当 $\omega\ll 1/T$ 时，$L(\omega)\approx 0$ dB，即对数幅频特性在低频段近似为 0 dB 水平线，称为低频渐近线。

当 $\omega\gg 1/T$ 时，$L(\omega)\approx -40\lg(T\omega)$ dB，即对数幅频特性在高频段近似为斜率等于 -40 dB/dec 的直线，称为高频渐近线。低频渐近线与高频渐近线在 $\omega=1/T$ 处相交，$\omega=1/T=\omega_T$ 的频率称为振荡环节的转折频率。

当 $\omega=0$ 时，$\varphi(\omega)=0°$；当 $\omega=1/T$（转折频率）时，$\varphi(\omega)=-90°$；当 $\omega=\infty$ 时，$\varphi(\omega)=-180°$。对数相频特性也是一条反正切函数曲线，相位曲线对 $-90°$ 的弯点是斜对称的，不同的 ξ 所对应的曲线也不同，如图 4.17 所示。

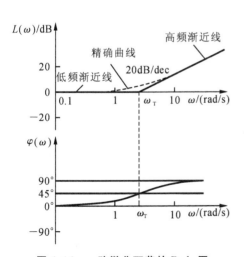

图 4.16 一阶微分环节的 Bode 图

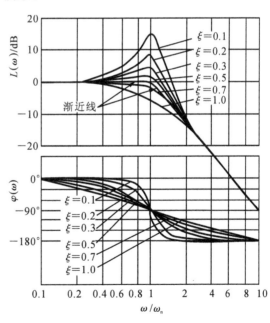

图 4.17 振荡环节的 Bode 图

7. 二阶微分环节

二阶微分环节的频率特性为 $G(j\omega) = 1 - T^2\omega^2 + j2\xi T\omega$，它与振荡环节的频率特性互为倒数。因此，二阶微分环节与振荡环节的对数幅频特性和对数相频特性关于横坐标轴镜像对称。二阶微分环节用低频、高频渐近线描绘的 Bode 图如图 4.18 所示。

8. 延迟环节

延迟环节的频率特性　　　　　　$G(j\omega) = e^{-j\tau\omega}$

对数幅频特性　　　　　　　　　$L(\omega) = 20\lg 1 = 0$

对数相频特性　　　　　　　　　$\varphi(\omega) = -\tau\omega$

分析可见，对数幅频特性恒为 0 dB 线，对数相频特性随 ω 的增加而线性增加，在半对数坐标图上则是一条曲线，如图 4.19 所示。

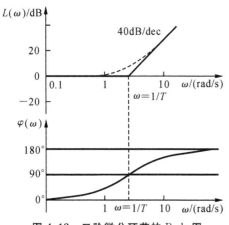

图 4.18　二阶微分环节的 Bode 图

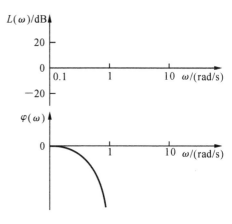

图 4.19　延迟环节的 Bode 图

由以上所述，可将典型环节的对数频率特性及其渐近线的特点对照图 4.20 归纳如下。

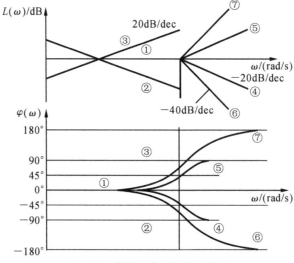

图 4.20　典型环节对数频率特性

(1) 比例环节的幅值为平行横轴的直线,其相位为 0°直线,与 ω 无关。

(2) 积分环节和微分环节的幅值为过(1,j0)点,斜率分别为∓20 dB/dec,对称于横轴的直线。相位分别为∓90°,与 ω 无关。

(3) 惯性环节和一阶微分环节的幅值低频渐近线为 0 dB 线,高频渐近线斜率分别为 ±20 dB/dec,转折频率为 ω_T,对称于横轴。相位在 0°~∓90°范围内变化。曲线斜对称于弯点(ω_T,∓45°)。

(4) 振荡环节和二阶微分环节幅值的低频渐近线为 0 dB 线,高频渐近线的斜率分别为∓40 dB/dec,转折频率为 ω_T,对称于横轴。相频特性在 0°~∓180°范围内变化,并斜对称于弯点(ω_T,∓90°)。

(5) 延时环节的幅值为 0 dB 线,相位随 ω 呈线性变化。

利用渐近线绘制 Bode 图的步骤如下。

(1) 将传递函数 $G(s)$ 化为由典型环节组成的形式。

(2) 令 $s=j\omega$,求得 $G(j\omega)$。

(3) 找出各环节的转折频率,作各环节的渐近线。

(4) 修正渐近线,得精确曲线。

(5) 将各环节的幅值相加,得系统幅值曲线。

(6) 作各环节相位曲线,然后相加得系统相位曲线。

例 4-3 试绘制系统开环传递函数 $G(s)=\dfrac{10}{10s+1}$ 的对数坐标图。

解 由开环传递函数可得系统的频率特性

$$G(j\omega) = \frac{10}{1+j10\omega}$$

分析可知该系统由一个比例环节和一个惯性环节组成,惯性环节的转折频率

$$\omega_T = \frac{1}{10} = 0.1$$

分别作出比例环节和惯性环节的对数幅频特性图和对数相频特性图,然后进行叠加,得到系统的对数幅频特性图和对数相频特性图,如图 4.21 所示。

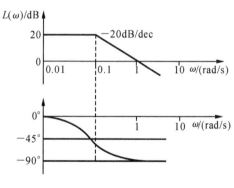

图 4.21 例 4-3 的 Bode 图

例 4-4 试绘制系统开环传递函数 $G(s)=\dfrac{10}{s(0.1s+1)}$ 的对数坐标图。

解 系统的频率特性

$$G(j\omega) = \frac{10}{j\omega(1+j0.1\omega)}$$

此系统由比例环节、积分环节和惯性环节串联组成,惯性环节的转折频率

$$\omega_T = \frac{1}{0.1} = 10$$

系统的对数幅频特性

$$L(\omega) = 20\lg 10 - 20\lg\omega - 20\lg\sqrt{1+0.01\omega^2}$$

系统的对数相频特性

$$\varphi(\omega) = -90° - \arctan(0.1\omega)$$

在低频段(亦称对数幅频特性的首段),系统由比例环节和积分环节构成。在 $\omega=1$ 处,$L(\omega)=20\lg 10=20$ dB,当 $\omega=10$ 时,系统的对数幅频特性曲线发生转折,斜率由 -20 dB/dec 变为 -40 dB/dec。系统的对数相频特性可采用各环节分别绘制,然后叠加的方法得到。最后作出的系统 Bode 图如图 4.22 所示。

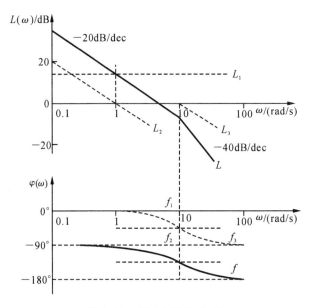

图 4.22 例 4-4 的 Bode 图

通过以上例子可以作出如下总结。

绘制系统的开环对数幅频特性,通常只需画出渐近特性,绘制方法有两种。

方法一是分别绘出各典型环节的对数幅频特性,然后叠加,可得到系统的开环对数幅频特性。

方法二是按下面步骤进行。

(1) 在半对数坐标纸上标出纵轴和横轴的刻度。

(2) 将 $G(j\omega)$ 转化为若干典型环节的频率特性相乘(或相除)的标准形式,要求惯性、一阶微分、振荡和二阶微分环节的常数项均为 1。

(3) 找出各典型环节的转折频率。

(4) 计算 $20\lg K$,K 为系统的开环放大倍数。

(5) 在 $\omega=1$ 处找出纵坐标等于 $20\lg K$ 的点 A,过该点作一线段,其斜率为 $-20v$(dB/

dec),v 为系统的型别;该线段直到第一个转折频率 ω_{T1} 对应的地方。若 $\omega_{T1}<1$,则该线段的延长线经过点 A。

(6) 以后每遇到一全转折频率,就改变一次渐近线的斜率:
① 遇到惯性环节的转折频率,斜率增加 -20 dB/dec;
② 遇到一阶微分环节的转折频率,斜率增加 $+20$ dB/dec;
③ 遇到振荡环节的转折频率,斜率增加 -40 dB/dec;
④ 遇到二阶微分环节的转折频率,斜率增加 $+40$ dB/dec。

直至经过所有各典型环节的转折频率,便得到系统开环对数幅频特性。

通常采用方法二。

绘制系统的开环对数相频特性时,也有两种方法。一是先绘出各典型环节的对数相频特性,然后将它们的纵坐标代数相加,从而得到系统的开环对数相频特性。另一种方法是利用系统的相频特性表达式,直接计算出不同 ω 数值时的相位差描点,再用光滑曲线连接,得到开环对数相频特性。

在工程分析与设计中,幅频特性曲线 $L(\omega)$ 与 ω 轴相交的频率 ω_c(称为穿越频率或截止频率)和 $\varphi(\omega_c)$,是分析系统稳定性的关键。

例 4-5 若系统开环传递函数为 $G(s)=\dfrac{10(0.5s+1)}{s(s+1)(0.05s+1)}$,试绘制该系统的对数坐标图,并求相位角 $\varphi(\omega_c)$。

解 系统的频率特性为 $G(j\omega)=\dfrac{10(1+j0.5\omega)}{j\omega(1+j\omega)(1+j0.05\omega)}$,此系统由比例环节、一阶微分环节、积分环节和两个惯性环节串联组成,各环节的转折频率为

$$\omega_{T1}=\frac{1}{1}=1,\quad \omega_{T2}=\frac{1}{0.5}=2,\quad \omega_{T3}=\frac{1}{0.05}=20$$

由此可知,系统对数幅频特性如下:

当 $\omega=1$ 时,$L(\omega)=20\lg K=20\lg 10=20$ dB,积分环节的特性曲线经过该点,斜率为 -20 dB/dec;

当 $\omega=1$ 时,由于惯性环节 $\dfrac{1}{s+1}$ 的作用,特性曲线由 -20 dB/dec 变为 -40 dB/dec;

当 $\omega=2$ 时,由于一阶微分环节 $0.5s+1$ 的作用,特性曲线由 -40 dB/dec 变为 -20 dB/dec;

当 $\omega=20$ 时,由于惯性环节 $\dfrac{1}{0.05s+1}$ 的作用,特性曲线由 -20 dB/dec 变为 -40 dB/dec。

系统对数相频特性的绘制:

由开环相频特性 $\varphi(\omega)=-90°+\arctan(0.5\omega)-\arctan\omega-\arctan(0.05\omega)$ 分别计算出 $\varphi(1)$、$\varphi(2)$、$\varphi(5)$、$\varphi(10)$、$\varphi(20)$ 值,再用光滑曲线连接,得到开环对数相频特性。

该系统的 Bode 图如图 4.23 所示。

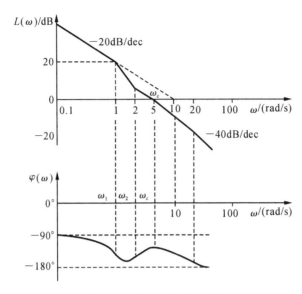

图 4.23 例 4-5 的 Bode 图

因为 $L(\omega_c)=0$ dB 或 $A(\omega_c)=1$,同时考虑到 $\omega_c>\omega_{T1}$,$\omega_c>\omega_{T2}$ 及 $\omega_c<\omega_{T3}$,所以,对于 ω_{T1} 和 ω_{T2} 来说,ω_c 属于高频段,取高频渐近线;对于 ω_{T3} 来说,ω_c 属于低频段,取低频渐近线。

所以有

$$A(\omega_c) = \frac{10(0.5\omega_c+0)}{\omega_c(\omega_c+0)(0+1)} = 1$$

解之得 $\omega_c = 5$ rad/s

则 $\varphi(\omega_c) = -90° + \arctan(0.5\times5) - \arctan5 - \arctan(0.05\times5) = -114.5°$

4.4 控制系统闭环频率特性的 Bode 图

在前面几节中,主要讨论了开环频率特性。在控制系统的分析与计算中,有时也需要直接研究系统的闭环频率特性。通过讨论系统开环频率特性与闭环频率特性之间的关系,进而估计系统闭环频率特性是研究控制系统闭环频率特性的有效方法。

4.4.1 由开环频率特性估计闭环频率特性

设有单位反馈控制系统,如图 4.24 所示。

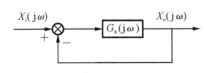

图 4.24 单位反馈控制系统

其闭环频率特性 $G_b(j\omega)$ 与开环频率特性 $G_k(j\omega)$ 之间关系为

$$G_b(j\omega) = \frac{X_o(j\omega)}{X_i(j\omega)} = \frac{G_k(j\omega)}{1+G_k(j\omega)}$$

显然,闭环幅频特性 $A_b(\omega)$ 与闭环相频特性

$\varphi_b(\omega)$ 可用下式表示

$$A_b(\omega) = |G_b(j\omega)| = \frac{|G_k(j\omega)|}{|1 + G_k(j\omega)|}$$

$$\varphi_b(\omega) = \angle G_b(j\omega) = \angle G_k(j\omega) - \angle[1 + G_k(j\omega)]$$

将 ω 逐点取值,可分别计算出闭环幅频特性 $A_b(\omega)$ 与闭环相频特性 $\varphi_b(\omega)$,作出 $A_b(\omega)$-ω 和 $\varphi_b(\omega)$-ω 图,如图 4.25 所示。

当系统为非单位反馈系统时,其闭环频率特性为

$$\begin{aligned} G_b(j\omega) &= \frac{X_o(j\omega)}{X_i(j\omega)} = \frac{G(j\omega)}{1 + G(j\omega)H(j\omega)} \\ &= \frac{G(j\omega)H(j\omega)}{1 + G(j\omega)H(j\omega)} \frac{1}{H(j\omega)} \end{aligned}$$

不难看出,对于非单位反馈系统,可将其看成单位反馈环节与 $\dfrac{1}{H(j\omega)}$ 串联即可。

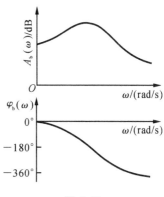

图 4.25

一般实用系统的开环频率特性具有低通滤波的性质,即

低频时,$|G_k(j\omega)| \gg 1$,$G_k(j\omega)$ 与 1 相比,1 可忽略不计,则 $A_b(\omega) \approx 1$;

高频时,$|G_k(j\omega)| \ll 1$,$G_k(j\omega)$ 与 1 相比,$G_k(j\omega)$ 可忽略不计,则 $A_b(\omega) \approx |G_k(j\omega)|$。

因此,对于一般单位反馈的最小相位系统,低频输入时输出信号的幅值和相位均与输入基本相等,高频输入时输出信号的幅值和相位均与开环特性的基本相同,而中间频段的形状随系统阻尼的不同而有较大的变化。

4.4.2 闭环频域性能指标

典型控制系统的闭环幅频特性曲线如图 4.26 所示。系统的特征可用这条曲线上的一些特征量加以描述,这些特征量构成了分析和设计系统的频域性能指标。

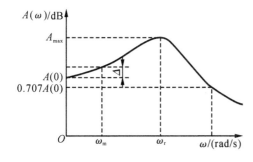

图 4.26 闭环频域特性曲线

1. 零频幅值 $A(0)$

零频幅值 $A(0)$ 表示频率 ω 接近于零时,闭环系统输出的幅值与输入幅值之比。在频率 $\omega \to 0$ 时,若 $A(0) = 1$,则输出的幅值能完全准确地反映输入幅值。

对于单位反馈系统,若系统为无差系统,在常值信号输入下,稳态时输出等于输入,有

$$A(0) = \left|\frac{X_o(j0)}{X_i(j0)}\right| = 1$$

若系统为有差系统,输入为常值信号,稳态时输出不等于输入,有

$$A(0) = \left|\frac{X_o(j0)}{X_i(j0)}\right| = \frac{K}{1+K} < 1$$

式中:K——系统开环放大倍数。

因此,根据零频幅值是否为1,可判断系统是否为无差系统。显然,$A(0)$越接近于1,则有差系统的稳态误差最小。

2. 复现频率 ω_m 与复现带宽 $0\sim\omega_m$

若事先规定一个 Δ 作为反映低频输入信号的允许误差,那么 ω_m 就是幅频特性与 $A(0)$ 之差第一次达到 Δ 时的频率值。当 $\omega>\omega_m$ 时,输出就不能准确"复现"输入。因此,定义 ω_m 为复现频率,$0\sim\omega_m$ 的频率范围为复现带宽,亦称工作带宽。

3. 谐振频率 ω_r 与谐振峰值 M_r

幅频特性 $A(\omega)$ 出现最大值 A_{max} 时的频率称为谐振频率 ω_r,定义 $\dfrac{A(\omega_r)}{A(0)}=\dfrac{A_{max}}{A(0)}$ 为谐振峰值(谐振比)M_r。显然,当 $A(0)=1$ 时,$M_r=A_{max}$。谐振峰值 M_r 为谐振频率 ω_r 所对应的闭环幅值,它反应系统瞬态响应的速度和相对稳定性。对于二阶系统,由最大超调量 $M_p=e^{-\xi\pi/\sqrt{1-\xi^2}}$ 和谐振峰值 $M_r=1/(2\xi\sqrt{1-\xi^2})$,不难看出,$M_p$ 和 M_r 都随 ξ 的增大而减小。可见 M_r 大的系统,相应的 M_p 也大,瞬态响应的相对稳定性就不好。为减弱系统的振荡性,又保持一定的快速性,应适当选取 M_r 值。若取 $1.0<M_r<1.4, 0.4<\xi<0.7$,阶跃响应的超调量 $M_p<25\%$。

谐振频率 ω_r 在一定程度上反映了系统瞬态响应的速度,ω_r 值越大,则瞬态响应越快。

4. 截止频率 ω_b 与带宽

所谓截止频率,是指闭环频率特性的振幅 $M(\omega)$ 衰减到 $0.707M(0)$ 时的角频率,即相当于闭环对数幅频特性的幅值下降到 -3 dB 时对应的频率,记为 ω_b 称为截止频率。$0\sim\omega_b$ 的频率范围称为系统带宽。

对于典型二阶系统,其频率特性为

$$\frac{X_o(j\omega)}{X_i(j\omega)}=\frac{\omega_n^2}{(j\omega)^2+2\xi\omega_n(j\omega)+\omega_n^2}$$

其幅值为

$$M(\omega)=\frac{\omega_n^2}{\sqrt{(\omega_n^2-\omega^2)^2+(2\xi\omega\omega_n)^2}}$$

由于 $M(\omega_b)=\dfrac{1}{\sqrt{2}}M(0)$,且 $M(0)=1$,可得二阶系统的截止频率为

$$\omega_b=\omega_n\sqrt{1-2\xi^2+\sqrt{2-4\xi^2+4\xi^4}} \tag{4-9}$$

二阶系统瞬态响应的过渡过程调整时间 $t_s=3/(\xi\omega_n)$

由此式得

$$\omega_n=3/(\xi t_s) \tag{4-10}$$

将式(4-10)代入式(4-9)中有

$$\omega_b t_s\approx\frac{3}{\xi}\sqrt{1-2\xi^2+\sqrt{2-4\xi^2+4\xi^4}} \tag{4-11}$$

式(4-11)表明,当阻尼比 ξ 确定后,系统的截止频率与 t_s 成反比。即控制系统的频带宽度越大,则该系统反应输入信号的快速性越好,这说明带宽表征控制系统响应的快速

4.4.3 最小相位系统

为了说明幅频特性和相频特性之间的关系,在此提出最小相位系统概念。在复平面 $[s]$ 右半平面上没有零点和(或)极点的传递函数称为最小相位传递函数;反之,称为非最小相位传递函数。具有最小相位传递函数的系统称为最小相位系统。

具有相同幅频特性的系统,其最小相位传递函数的相位范围是最小的。例如两个系统的传递函数分别为

$$G_1(s) = \frac{1+T_1s}{1+T_2s} \quad (0 < T_1 < T_2)$$

$$G_2(s) = \frac{1-T_1s}{1+T_2s} \quad (0 < T_1 < T_2)$$

这两个系统具有相同的幅频特性,但它们却有着不同的相频特性,$G_1(s)$ 为最小相位传递函数,其相位范围最小,如图 4.27 所示。

对最小相位系统而言,幅频特性和相频特性之间具有确定的单值对应关系。这就是说:如果给出系统的幅频特性曲线,那么其相频特性曲线就唯一确定了;反之,如果给出系统的相频特性曲线,其幅频特性曲线也就唯一确定了。但以上结论对非最小相位系统来说却是不成立的。因此,依据最小相位系统的对数幅频特性曲线,可以确定系统的传递函数。

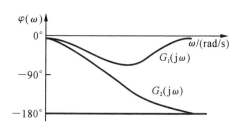

图 4.27 最小相位系统与非最小相位系统的相频特性

习 题

4-1 已知系统的传递函数为 $G(s)=10/(0.5s+1)$,当输入信号的幅值为 $X_i=10$,频率分别为 $f_1=1$ Hz、$f_2=5$ Hz 时,求系统的稳态输出。

4-2 已知某放大器的传递函数为 $G(s)=K/(Ts+1)$,当输入信号为 $x_i=\sin t$ 时,测得幅频 $|G(j\omega)|=10/\sqrt{2}$,相频为 $\angle G(j\omega)=-45°$。试求该放大器的放大倍数 K 和时间常数 T。

4-3 若单位反馈控制系统的开环传递函数为 $G(s)=1/(2s+1)$,试求在下列输入量作用于系统时,系统的稳态输出。

(1) $x_i=\sin(t+30°)$;(2) $x_i=3\cos(2t-45°)$;(3) $x_i=\sin(t+30°)+3\cos(2t-45°)$

4-4 已知系统的单位阶跃响应为

$$x_o = 1 - 1.8e^{-4t} + 0.8e^{-9t} \quad (t \geqslant 0)$$

试求系统的幅频特性和相频特性。

4-5 已知单位反馈系统的开环传递函数为 $G(s)=1/(s+1)$,试求系统在输入信号 $x_i=\sin 2t$ 作用下系统的稳态输出 x_{os} 和稳态误差 e_{ss}。

4-6 已知单位反馈系统的开环传递函数为 $G(s)=K/s(Ts+1)$,当系统的输入为 $x_i=\sin 10t$ 时,闭环系统的稳态输出为 $x_o(t)=\sin(10t-90°)$,试求系统的参数 T 和 K 的值。

4-7 已知作用于系统的输入信号均为 $x_i=\sin 2t$,试求下列反馈控制系统的稳态输出。

(1) $G(s)=\dfrac{5}{s+1}$, $H(s)=1$; (2) $G(s)=\dfrac{5}{s}$, $H(s)=1$;

(3) $G(s)=\dfrac{5}{s+1}$, $H(s)=2$

4-8 试求下列函数的 $A(\omega)$、$\varphi(\omega)$、$U(\omega)$、$V(\omega)$。

(1) $G(s)=\dfrac{5}{30s+1}$; (2) $G(s)=\dfrac{5}{s(0.1s+1)}$

4-9 已知系统的开环传递函数如下,试概略绘出其 Nyquist 图。

(1) $G(s)=\dfrac{10}{s}$; (2) $G(s)=\dfrac{100}{s^2}$;

(3) $G(s)=\dfrac{100}{s^3}$; (4) $G(s)=\dfrac{5}{(0.5s+1)(2s+1)}$;

(5) $G(s)=\dfrac{3}{s(0.1s+1)}$; (6) $G(s)=\dfrac{1}{s(0.5s+1)(0.1+2s)}$;

(7) $G(s)=\dfrac{7.5(0.2s+1)(s+1)}{s(s^2+16s+100)}$; (8) $G(s)=\dfrac{50(0.6s+1)}{s^2(4s+1)}$;

(9) $G(s)=\dfrac{5}{s(s-1)}$; (10) $G(s)=10e^{-0.1s}$

4-10 试画出传递函数 $G(s)=\dfrac{\alpha Ts+1}{Ts+1}$ 的 Nyquist 图,其中 $\alpha=0.1$,$T=1$。

4-11 已知系统的开环传递函数如下,试绘出 Bode 图。

(1) $G(s)=\dfrac{10}{5s+1}$; (2) $G(s)=\dfrac{10}{(2s+1)(5s+1)}$;

(3) $G(s)=\dfrac{3}{s(0.1s+1)}$; (4) $G(s)=\dfrac{10}{s(0.5s+1)(0.05s+1)}$;

(5) $G(s)=\dfrac{10}{s(2s^2+0.8s+2)}$; (6) $G(s)=\dfrac{50(0.4s+1)}{s^2(4s+1)}$

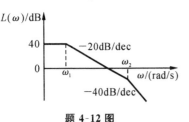

题 4-12 图

4-12 已知最小相位系统的开环对数幅频特性曲线如题 4-12 图所示,试画出系统的对数相频特性曲线,并写出其开环传递函数。

4-13 已知最小相位系统的开环对数幅频渐近线如题 4-13 图所示,试写出其对应的开环传递函数。

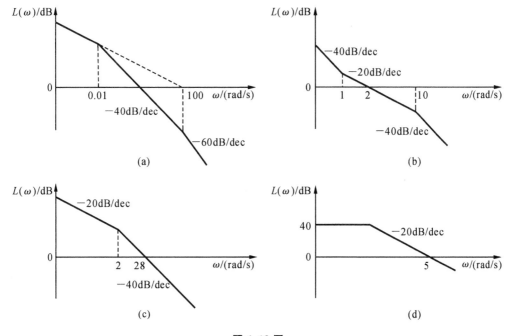

题 4-13 图

4-14 已知单位反馈系统的开环传递函数为 $G(s)=\dfrac{10}{s(0.5s+1)(0.1s+1)}$,试绘制系统的开环对数幅频特性曲线,并计算 ω_c 和 $\varphi(\omega_c)$。

4-15 已知单位反馈系统的开环传递函数为 $G(s)=\dfrac{10}{s(0.05s+1)(0.1s+1)}$,试计算 ω_r 和 M_r。

第 5 章 控制系统的稳定性

5.1 系统稳定性概念及其条件

稳定是控制系统完成期望工作任务的前提。系统在实际工作中,会受到外部干扰作用和内部某些因素变动的影响,偏离原来的平衡工作状态。在干扰或变动消失后,系统能否恢复到原来的平衡工作状态——稳定性,是人们最为关心的问题。稳定性是控制系统的重要性能,对其进行分析并给出保证系统稳定的条件,是自动控制理论的基本任务之一。

5.1.1 稳定性定义

控制系统稳定性定义:如果系统受到扰动,偏离了原来的平衡状态,当扰动消失后,系统能够以足够的精度恢复到原来的平衡状态,则称系统是稳定的;否则,称系统是不稳定的。在去掉扰动以后,系统自身具有一种恢复的能力,由此可见,稳定性是系统的一种内在固有特性,这种特性只取决于系统的结构和参数。

以上稳定性定义在目前得到普遍使用,但它没有对系统所处的初始状态提出具体要求,因此,这种定义对与系统初始状态紧密相关的非线性系统稳定性的探讨显得苍白无力。根据现有稳定性的研究,给出如下一些关于稳定性的概念。

1. 李雅普诺夫稳定性

李雅普诺夫(A. M. ЛЯПУНОВ,1882)稳定性示意图如图 5.1 所示,若 x_e 为系统的平衡工作点,系统初始状态 $x(0)$ 离此平衡点的起始偏差 $|x(0)-x_e|$ 不超过域 η,由初始状态引起的输出及其终态 $x(t)$ 与平衡点的差值 $|x(t)-x_e|$ 不超过预先任意给定的域 ε,则称系统在李雅普诺夫意义下稳定。也就是说,若要求系统的输出不超出任意给定的正数 ε,而又能找到不为零的正数 η,使初始状态在

$$|x(0)-x_e|<\eta \qquad (5\text{-}1)$$

的情况下,满足输出为

$$|x(t)-x_e|\leqslant \varepsilon \quad (0\leqslant t<\infty)$$

则称系统在李雅普诺夫意义下稳定;反之,若要求系统的输出不能超出任意给定的正数 ε,但却不能找到不为

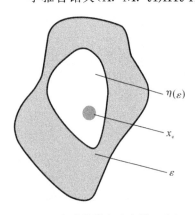

图 5.1 李雅普诺夫稳定性示意图

零的正数 η 来满足式(5-1),则称系统在李雅普诺夫意义下不稳定。

2. 渐进稳定性

渐进稳定是指系统在李雅普诺夫意义下稳定,随时间 $t \to +\infty$,由初始状态引起的系统输出最终趋于平衡状态。与在李雅普诺夫意义下的稳定比较可知,渐进稳定要求系统输出最终趋于平衡状态,而李雅普诺夫稳定仅要求系统输出进入 ε 的范围即可,因此,渐进稳定的要求更高。

渐进稳定是一个局部的概念,满足渐进稳定的初始状态的最大区域称为引力域,起源于引力域的每一个运动都是渐进稳定的。

3. 大范围稳定性

系统在任意的初始状态下出发的运动都保持稳定,则称系统为大范围稳定。系统在任意初始状态下出发的运动都保持渐进稳定,则称系统为大范围渐进稳定的。

从上面关于稳定性的定义可以看出,对稳定性主要从两个方面来进行定义。其一,从系统的外部描述,即从输入、输出关系出发进行定义,前提条件是系统初始状态为零,利用有界输入考察系统输出是否有界,若输出有界则系统稳定稳定性,这种稳定性定义特别适合于用传递函数形式描述的线性系统,因为系统传递函数代表的正是系统在零状态响应下输出的拉氏变换对输入的拉氏变换之比。其二,从系统内部的状态变化来进行定义,这一定义的主要代表是在李雅普诺夫意义下的稳定性定义,它考察零输入条件下系统初始状态的响应是否有界,若输出有界则系统稳定。但无论定义如何,都要求输出不超出一个确定范围或输出趋于原有的平衡状态。如果将扰动或初始状态看成施加于系统的广义能量,那么,输出不超出一个确定范围或输出趋于原有的平衡状态这一事实,便可以简单地理解为稳定的系统具有消耗广义能量的能力。这就等于说,两种稳定性的定义是等价的。本章采用外部描述的方法进行稳定性分析。

求解系统稳定性需要注意:① 讨论在李雅普诺夫意义下稳定性时,一般都将系统平衡点的状态取为零,将扰动所引起的状态改变或偏离作为初始状态,从而使问题的讨论与研究得以简化;② 对非线性系统,通常采用在平衡点上对系统进行线性化,用线性化方程来分析稳定性,这种分析的结论只在平衡点附近成立,平衡点附近的范围大小就是非线性系统在该点的引力域,该引力域范围以外工作点的稳定性应另行分析;③ 在工程中,通常不采用李雅普诺夫稳定性的概念,而是采用条件更为苛刻的渐进稳定的概念。对常系数线性系统来说,其稳定性是渐进的,而且是大范围渐进稳定的,这给稳定性讨论带来了极大的方便。

5.1.2 线性系统稳定性条件

设以 x 为输入、y 为输出的常系数线性控制系统微分方程为

$$a_n y^{(n)}(t) + a_{n-1} y^{(n-1)}(t) + \cdots + a_1 \dot{y}(t) + a_0 y(t)$$
$$= b_m x^{(m)}(t) + b_{m-1} x^{(m-1)}(t) + \cdots + b_1 \dot{x}(t) + b_0 x(t) \qquad (n \geqslant m)$$

为了讨论的方便,取系统各初始状态为零,系统传递函数 $\Phi(s)$ 为

$$\Phi(s) = \frac{Y(s)}{X(s)} = \frac{M(s)}{D(s)} = \frac{b_m(s-z_1)(s-z_2)\cdots(s-z_m)}{a_n(s-\lambda_1)(s-\lambda_2)\cdots(s-\lambda_n)} \tag{5-2}$$

式中：$z_1, z_2, \cdots, z_m$——零点；

$\lambda_1, \lambda_2, \cdots, \lambda_n$——极点；

$M(s)$——传递函数分子；

$D(s)$——传递函数分母。

所研究的稳定性问题是当扰动消失后系统的运动情况，这里采用系统的脉冲响应函数进行讨论。取输入为单位脉冲函数，其拉氏变换 $X(s)=1$，系统的脉冲响应函数的拉氏变换 $Y(s)$ 就是系统传递函数 $\Phi(s)$，即

$$Y(s) = \Phi(s) = \frac{b_m(s-z_1)\cdots(s-z_m)}{a_n(s-\lambda_1)\cdots(s-\lambda_n)} \tag{5-3}$$

下面按式(5-3)的特征方程 $D(s)=0$ 的互异根、重根和共轭复根等情形展开讨论系统单位脉冲响应函数 $y(t)$。

特征方程有互异根的情形，即全部 n 个极点互不相同，且均为实数，可改写为部分分式

$$Y(s) = \sum_{i=1}^{n} \frac{A_i}{s-\lambda_i} \tag{5-4}$$

式中：A_i——待定常数。

对式(5-4)进行拉氏反变换，即得单位脉冲响应函数

$$y(t) = \sum_{i=1}^{n} A_i e^{\lambda_i t}$$

根据稳定性定义

$$\lim_{t \to \infty} y(t) = \lim_{t \to \infty} \sum_{i=1}^{n} A_i e^{\lambda_i t} = 0 \tag{5-5}$$

考虑到系数 A_i 的任意性，必须使式(5-5)中的每一项都趋于零，所以应有

$$\lim_{t \to \infty} A_i e^{\lambda_i t} = 0 \tag{5-6}$$

其中，A_i 为常值。式(5-6)表明，系统的稳定性仅取决于特征根 λ_i 的性质，并且可知，系统稳定的充分必要条件是系统特征方程的所有根都具有负实部，或者说都位于[s]平面的左半平面。

特征方程有重根的情形，设重根数为 k，则在脉冲响应函数中将具有如下分量形式：$te^{\lambda_1 t}, t^2 e^{\lambda_2 t}, \cdots, t^i e^{\lambda_i t}$。当时间 $t \to +\infty$ 时是否收敛到零，取决于重特征根 λ_i 的性质。所以式(5-2)稳定的充分必要条件也完全适用于系统特征方程有重根的情况。

特征方程有共轭复根的情形，设 $\lambda_i = \sigma_i \pm j\omega_i$ 为共轭复根，该根在脉冲响应函数中具有以下形式

$$A_i e^{(\sigma_i + j\omega_i)t} + A_{i+1} e^{(\sigma_i - j\omega_i)t}$$

或写成

$$A e^{\sigma_i t} \sin(\omega_i t + \varphi_i)$$

由上式可见,只要共轭复根的实部为负,仍将随时间 $t \to +\infty$ 而振荡收敛到零。

特征根更为复杂的情形是上述三种情形的组合,若要求系统稳定,同样要求各根对应的响应分量随时间 $t \to +\infty$ 而振荡收敛到零。

综上所述,系统稳定的充分必要条件是系统的所有特征根都具有负实部,只要有一个或一个以上特征根为正实部,响应就发散,即系统不稳定。或者说,若系统的所有极点均位于 $[s]$ 平面的左半平面,系统就稳定;若有一个或一个以上的极点均位于 $[s]$ 平面的右半平面,系统就不稳定。当系统有纯虚根时,系统处于临界稳定状态,响应呈现等幅振荡;由于实际系统参数的变化及扰动的不可避免,工程实际中,将临界稳定作不稳定处理。

判别系统稳定与否,可归结为判别系统特征根实部的符号,即:$\mathrm{Re}(\lambda_i)<0$,系统稳定;$\mathrm{Re}(\lambda_i)>0$,系统不稳定;$\mathrm{Re}(\lambda_i)=0$,系统临界稳定,工程上认为不稳定。

因此,如果能解出全部特征根,则立即可以判断线性系统是否稳定。

例 5-1 某一具有单位反馈的系统,其开环传递函数

$$G_\mathrm{k}(s) = \frac{K}{s(Ts+1)}$$

判别其稳定性。

解 系统的闭环传递函数

$$G_\mathrm{b}(s) = \frac{G_\mathrm{k}(s)}{1+G_\mathrm{k}(s)} = \frac{K}{Ts^2+s+K}$$

系统特征方程为

$$Ts^2+s+K=0$$

特征方程的根

$$\lambda_{1,2} = \frac{-1 \pm \sqrt{1-4TK}}{2T}$$

由于 $T>0$ 和 $K>0$,当 $TK \leqslant 0.25$ 时,$\lambda_{1,2}$ 为负数,当 $TK>0.25$ 时,$\lambda_{1,2}$ 为一对共轭复根,具有负实部,所以系统稳定。

5.2 控制系统的稳定判据

5.2.1 代数稳定判据

通常对于三阶以上的高阶系统,根的求取不是一件容易的事。罗斯(E. J. Routh,1884)等人在研究代数方程根与系数关系规律的基础上,提出了无须求解特征方程的根,只根据各系数间的相互关系就可判别特征根的实部是否为负,以确定系统是否稳定的方法,这种稳定判据以代数方程为基础,通常称为代数判据。代数判据中,有罗斯(Routh)稳定判据和赫尔维茨(Hurwitz)稳定判据,下面分别进行介绍。

1. 罗斯稳定判据

设系统特征方程的一般式为

$$D(s) = a_n s^n + a_{n-1} s^{n-1} + \cdots + a_1 s + a_0 = 0 \tag{5-7}$$

系统稳定的必要条件是 $a_i > 0, i=1,2,\cdots,n$，否则系统不稳定。系统稳定的充分条件是 $a_i > 0$ 及罗斯表中第一列元素都大于零。罗斯表中各元素如表 5.1 所示。

表 5.1 罗斯表

s^n	a_n	a_{n-2}	a_{n-4}	a_{n-6}	$\cdots$
s^{n-1}	a_{n-1}	a_{n-3}	a_{n-5}	a_{n-7}	$\cdots$
s^{n-2}	$b_1 = \dfrac{a_{n-1}a_{n-2} - a_n a_{n-3}}{a_{n-1}}$	$b_2 = \dfrac{a_{n-1}a_{n-4} - a_n a_{n-5}}{a_{n-1}}$	b_3	b_4	$\cdots$
s^{n-3}	$c_1 = \dfrac{b_1 a_{n-3} - a_{n-1} b_2}{b_1}$	$c_2 = \dfrac{b_1 a_{n-5} - a_{n-1} b_3}{b_1}$	c_3	c_4	$\cdots$
$\vdots$	$\vdots$	$\vdots$	$\vdots$	$\vdots$	$\vdots$
s^0	a_0	—	—		

罗斯表的计算中会出现第一列某个元素为负或等于零的情形。当元素正负号由正变负或由负变正，即系统存在一个正实部根；当计算中出现某一元素为零，罗斯表的计算需要用摄动的方法来进行处理；当某一行为零时，需要补充辅助方程来进行处理。具体做法通过例题来说明。

例 5-2 设有一个三阶系统，其特征方程为

$$D(s) = a_3 s^3 + a_2 s^2 + a_1 s + a_0 = 0$$

式中所有系数都大于零。试用罗斯判据判别系统的稳定性。

解 因为 $a_i > 0$，满足稳定的必要条件。

列罗斯表

$$\begin{array}{c|cc}
s^3 & a_3 & a_1 \\
s^2 & a_2 & a_0 \\
s^1 & \dfrac{a_1 a_2 - a_0 a_3}{a_2} & 0 \\
s^0 & a_0 & 0
\end{array}$$

显然，当 $a_1 a_2 - a_0 a_3 > 0$ 时，系统稳定。

例 5-3 系统特征方程为

$$D(s) = s^4 + 5s^3 + 2s^2 + 4s + 3 = 0$$

试用罗斯判据判别系统的稳定性。

解 由已知条件可知，$a_i > 0$，满足必要条件。列罗斯表

s^4	1	2	3
s^3	5	4	0
s^2	$\frac{5\times 2 - 1\times 4}{5} = 1.2$	$\frac{4\times 3 - 2\times 0}{4} = 3$	0
s^1	$\frac{1.2\times 4 - 5\times 3}{1.2} = -8.5$	0	（正负号改变一次）
s^0	3	0	（正负号改变一次）

可见，罗斯表第一列系数不全大于零，所以系统不稳定。罗斯表第一列系数符号改变的次数等于系统特征方程正实部根的数目。因此，该系统中有两个正实部的根，或者说有两个根处在 $[s]$ 平面的右半平面。可以解得，特征方程的四个根分别为 -4.7275，-0.6575，$0.1925\pm j0.9633$。

例 5-4 系统特征方程为
$$D(s) = s^4 + s^3 + 2s^2 + 2s + 1 = 0$$
试用罗斯判据判别系统的稳定性。

解 由已知条件可知，$a_i > 0$，满足必要条件。列罗斯表

s^4	1	2	1	
s^3	1	2	0	
s^2	0	1	0	（此行第一元素为0）
(s^2)	ε	1	0	（足够小的正数摄动 ε，以替代原 s^2 行）
s^1	$\frac{\varepsilon\times 2 - 1\times 1}{\varepsilon} = 2 - 1/\varepsilon$	0		（正负号改变一次）
s^0	1	0		（正负号改变一次）

可见，罗斯表第一列系数不全大于零，所以系统不稳定。罗斯表第一列系数符号改变的次数等于系统特征方程正实部根的数目。因此，系统有两个正实部的根，或者说有两个根处在 $[s]$ 平面的右半平面。可以解得，特征方程的四个根分别为 $0.1217\pm j1.3066$，$-0.6217\pm j0.4406$。

例 5-5 系统特征方程为
$$D(s) = s^6 + s^5 - 2s^4 - 3s^3 - 7s^2 - 4s - 4 = 0$$
试用罗斯判据判别系统的稳定性。

解 由罗斯稳定判据必要条件可知，有 $a_i < 0$，不满足稳定必要条件，系统不稳定。列罗斯表以进行分析：

s^6	1	-2	-7	-4	
s^5	1	-3	-4	0	
s^4	1	-3	-4	0	（此行与上一行各元素相同）
s^3	0	0	0	0	（此行各元素均为零）
(s^3)	4	-6	0		（辅助行，由行 s^4 各元素作辅助方程 $d(s^4 - 3s^2 - 4)/ds$ 得到）
s^2	-1.5	-4	0		（正负号改变一次）
s^1	-16.7	0			
s^0	-4	0			

可见,罗斯表第一列系数不全大于零,所以系统不稳定。第四行各元素全为零,这表明系统中含有一对共轭虚根,罗斯表第一列系数正负号改变一次,特征方程有一个正实部根。可以解得,特征方程的六个根分别为$\pm 2, \pm j0, -0.5000 \pm j0.8660$。

2. 赫尔维茨稳定判据

设控制系统的特征方程为式(5-7),稳定的充分必要条件为特征方程系数$a_i(i=1, 2, \cdots, n)$组成的主行列式Δ_n及其对角线上各子行列式$\Delta_i(i=1, 2, \cdots, n-1)$具有正值,即

$$\Delta_1 = a_{n-1} > 0, \quad \Delta_2 = \begin{vmatrix} a_{n-1} & a_{n-3} \\ a_n & a_{n-2} \end{vmatrix} > 0, \quad \Delta_3 = \begin{vmatrix} a_{n-1} & a_{n-3} & a_{n-5} \\ a_n & a_{n-2} & a_{n-4} \\ 0 & a_{n-1} & a_{n-3} \end{vmatrix} > 0, \cdots,$$

$$\Delta_n = \begin{vmatrix} a_{n-1} & a_{n-3} & a_{n-5} & \cdots & 0 \\ a_n & a_{n-2} & a_{n-4} & \cdots & 0 \\ 0 & a_{n-1} & a_{n-3} & \cdots & 0 \\ 0 & a_n & a_{n-2} & \cdots & 0 \\ \vdots & \vdots & \vdots & & \vdots \\ 0 & \cdots & \cdots & a_1 & 0 \\ 0 & \cdots & \cdots & a_2 & a_0 \end{vmatrix} > 0$$

主行列式Δ_n的列写规则是:在主对角线上从a_{n-1}开始依次填写特征方程系数,直至a_0;列写主对角线上方的元素时,系数的a_i脚标递减;列写主对角线下方的元素时,系数的a_i脚标递增;若特征方程中某s次方缺项,则该项对应系数为零。

赫尔维茨稳定判据对五阶以下的系统计算比较方便,下面给出了四阶及四阶以下系统的稳定性条件。

$n=2: a_2>0, a_1>0, a_0>0$。

$n=3: a_3>0, a_2>0, a_1>0, a_0>0; a_1a_2-a_0a_3>0$。

$n=4: a_4>0, a_3>0, a_2>0, a_1>0, a_0>0; a_1a_2a_3-a_1^2a_4-a_0a_3^2>0$。

例 5-6 设系统单位反馈系统的前向通道传递函数为

$$G(s) = \frac{K(s+1)}{s(Ts+1)(2s+1)}$$

试确定能使系统稳定的待定参数K和T的数值。

解 取闭环传递函数分母为零,得系统特征方程为

$$D(s) = 2Ts^3 + (T+2)s^2 + (K+1)s + K = 0$$

由赫尔维茨稳定判据,按$n=3$的情形,得稳定条件如下:

$2T>0, T+2>0, K+1>0, K>0, (T+2)(K+1)-2TK>0$

由于$(T+2)(K+1)-2TK>0$要求$T<2(K+1)/(K-1)$,即$T>0$要求$K>1$,因此稳定条件为

$K>1, 0<T<2(K+1)/(K-1)$

上述稳定判据虽然避免了解根的困难,但有一定的局限性。例如,当系统结构、参数发生变化时,将会使特征方程的阶次、方程的系数发生变化,而且这种变化是很复杂的,从而相应的罗斯表也需要重新列写,并需重新判别系统的稳定性。如果系统不稳定,应如何改变系统结构、参数使其变为稳定的系统,由代数判据难以直接得到解答。随着计算机数值计算方法的快速进步,求根的数值解已经变得越来越容易,因此,代数稳定判据的方法正在由于其求解烦琐耗时而变得不实用。但作为初学者,了解和掌握低阶系统稳定性的求解思路和技巧仍是十分有意义的。

5.2.2 结构不稳定系统

对于某些控制系统,只要改变其参数就可以使系统稳定,这类系统称为结构稳定系统,其特点是特征方程式(5-7)的各阶系数都不等于零。而结构不稳定系统,其特征方程是各系数中,必有一个或至少有一个系数为零。结构不稳定系统,不满足罗斯稳定的必要条件,是不稳定的系统。

例如,某火炮自动瞄准控制系统以目标 x 为输入、火炮指向 y 为输出,其系统框图如图 5.2 所示。通过建模得系统开环传递函数为

$$G_k(s) = \frac{K}{s^2(T_1 s + 1)(T_2 s + 1)}$$

其中,$K = K_p K_1 K_2 K_3$ 为系统开环增益。

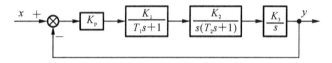

图 5.2 某火炮自动瞄准控制系统框图

系统闭环传递函数

$$G_b(s) = \frac{G_k(s)}{1 + G_k(s)} = \frac{K}{s^2(T_1 s + 1)(T_2 s + 1) + K}$$

其特征方程为

$$s^2(T_1 s + 1)(T_2 s + 1) + K = 0$$

即

$$T_1 T_2 s^4 + (T_1 + T_2) s^3 + s^2 + K = 0$$

可见,特征方程中缺少 s 一次方项,该项不可能通过改变参数的办法来获得,系统为结构不稳定系统。

在系统中加入一个局部负反馈结构

$$G_f(s) = \frac{k(bs + 1)}{as + 1} \quad (a > b)$$

则系统框图如图 5.3 所示。

加入局部负反馈结构后系统闭环传递函数为

$$G_b(s) = \frac{K(as + 1)}{[(T_1 s + 1)(as + 1) + K_1 k(bs + 1)]s^2(T_2 s + 1) + K(as + 1)}$$

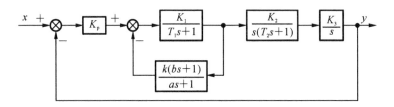

图 5.3 加入局部负反馈结构的系统框图

特征方程为

$$T_1T_2as^5+[T_1a+(T_1+a+K_1kb)T_2]s^4+(K_1kT_2+T_1+a+K_1kb)s^3+K_1ks^2+Kas+K=0$$

可见,引入局部负反馈结构后,系统特征方程增加了 s 一次方项,方程各系数全部非零,成为结构稳定系统。

5.2.3 几何稳定判据

稳定性的代数判别方法由于根难以求取、不能清晰反应各环节对系统稳定性的影响,因而显得不方便;另一方面,系统设计时,根据系统固有部分的建模通常可以给出系统开环传递函数,在已知的实物系统测试中通常得到的也是系统的开环传递函数,这就导致谋求一个能用开环传递函数来判别闭环稳定性的判别方法。因此,下面利用根与相位角的几何关系,介绍 Nyquist 判据和 Bode 判据两个几何稳定判据。

1. Nyquist 稳定判据

Nyquist 稳定判据是目前在频域中应用广泛的稳定判据,它利用开环频率特性曲线来判别闭环系统稳定性。

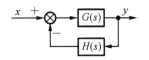

图 5.4 闭环系统结构

如图 5.4 所示控制系统的闭环结构,记前向通道和反馈通道传递函数分别为

$$G(s)=\frac{M_G(s)}{N_G(s)},\quad H(s)=\frac{M_H(s)}{N_H(s)}$$

故开环传递函数为

$$G_k(s)=G(s)H(s)=\frac{M_G(s)}{N_G(s)}\frac{M_H(s)}{N_H(s)}=\frac{M_{GH}(s)}{N_{GH}(s)}$$

式中:$M(s)$、$N(s)$——s 的多项式,其 s 的阶次分别为 m、n,且 $n \geqslant m$。

闭环传递函数为

$$G_b(s)=\frac{G(s)}{1+G(s)H(s)}=\frac{M_G(s)/N_G(s)}{1+\dfrac{M_G(s)}{N_G(s)}\dfrac{M_H(s)}{N_H(s)}}$$

$$=\frac{M_G(s)N_H(s)}{N_G(s)N_H(s)+M_G(s)M_H(s)}=\frac{M(s)}{D(s)} \tag{5-8}$$

式中:$D(s)$——闭环传递函数特征多项式。

作辅助函数

$$F(s) = 1 + G(s)H(s) = \frac{N_G(s)N_H(s) + M_G(s)M_H(s)}{N_G(s)N_H(s)} = \frac{D(s)}{N_{GH}(s)} \quad (5-9)$$

从式(5-8)和式(5-9)可以看出,辅助函数 $F(s)$ 的分子就是闭环传递函数 $G_b(s)$ 的分母,即特征曲线 $D(s)$;而辅助函数 $F(s)$ 的分母就是开环传递函数 $G(s)H(s)$ 的分母 $N(s)$。因此,辅助函数确立了开环特性和闭环特性的关系,即 $G(s)H(s) = F(s) - 1$;通过这个关系联系了[F]平面和[GH]平面,如图5.5所示。从图中可以看出,[F]平面的虚轴就是[GH]平面经过 $(-1, j0)$ 点且平行于[GH]平面虚轴的垂线,于是,开环传递函数 $G(s)H(s)$ 的Nyquist轨迹图,可以直接用来判别闭环系统的稳定性。

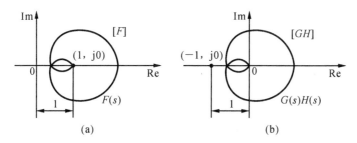

图 5.5 [F]平面和[GH]平面的关系

Nyquist稳定判据以Cauchy幅角定理为基础,经式(5-9),将 $F(s)$ 在[s]中 $D(s)$ 的零点与幅角的关系,转换为[GH]平面中 $G(s)H(s)$ 的 $N_{GH}(j\omega)$ 与幅角的关系来判别稳定性。Nyquist稳定判据实质上是映射定理的应用。这里简要介绍Cauchy幅角定理及其在自动控制系统中的应用,侧重给出Nyquist稳定判据的内容并举例来说明其使用方法。

设式(5-2)表达为零、极点形式的复变函数 $F(s)$,即

$$F(s) = \frac{K(s-z_1)(s-z_2)\cdots(s-z_m)}{(s-\lambda_1)(s-\lambda_2)\cdots(s-\lambda_n)}$$

根据式(5-9)可知,上式极点 $\lambda_1, \lambda_2, \cdots, \lambda_n$ 和零点 $z_1, z_2, \cdots, z_m$ 分别为开环和闭环系统的极点。

若在[s]平面上作任意一条封闭曲线 E_s,则在平面[F]上必有一对应的围线 E_F 也是封闭曲线。该 E_s 的内域包含的零点为 Z 个,极点为 P 个。当自变量 s 避开 $F(s)$ 的零、极点按顺时针方向沿 E_s 变化一周时,那么 E_s 的映射线 E_F 在[F]平面上将按顺时针方向包围其坐标原点 $Z - P$ 圈。这种映射关系称为映射定理,又称Cauchy幅角定理。

假设 $F(s)$ 在[s]平面上的零、极点分布如图5.6(a)所示,现选取封闭曲线 E_s,它包围了闭环系统 $D(s)$ 的全部右极点(即 $F(s)$ 的全部右零点,共 Z 个),以及开环系统的全部右极点(即 $F(s)$ 的全部右极点,共 P 个)。

在封闭曲线 E_s 之外任意取一个极点 p_1(或零点),当复变量 s 沿 E_s 顺时针转一周时,向量 $(s - p_1)$ 的相位角变化为零,即 $\Delta\angle(s - p_1) = 0$;而在 E_s 内任取一零点 z_i(或极点),当复变量 s 沿 E_s 顺时针转一周时,向量 $(s - z_i)$ 的相位角增量为 -2π,即 $\Delta\angle(s - z_i) = -2\pi$。可见,$F(s)$ 在[s]右半平面所有零、极点的相位角增量之和分别为

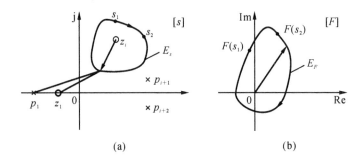

图 5.6 封闭曲线在平面[s]到平面[F]的映射

$$\sum_{i=1}^{n}\Delta\angle(\boldsymbol{s}-\boldsymbol{z}_i)=-2\pi Z$$

$$\sum_{i=1}^{n}\Delta\angle(\boldsymbol{s}-\boldsymbol{p}_i)=-2\pi P$$

因此,当复变量 s 沿封闭曲线 E_s 顺时针运动一周时,E_s 的映射线 E_F 的相位角增量为

$$\Delta\angle F(s)|_{s=E_s}=\sum_{i=1}^{n}\Delta\angle(\boldsymbol{s}-\boldsymbol{z}_i)|_{s=E_s}-\sum_{i=1}^{n}\Delta\angle(\boldsymbol{s}-\boldsymbol{p}_i)|_{s=E_s}=(Z-P)\times2\pi$$

如果将封闭曲线 E_s 选取为[s]平面上包含虚轴的整个右半平面,则当 s 在无穷大的半圆上移动时,由于开环传递函数分母 s 的最高次幂大于(或等于)分子的最高次幂,因此,$G(s)H(s)$ 缩成一个点,即在[GH]平面上的坐标原点(或实轴上某个点);当 E_s 随 s 沿虚轴变化(此时 $s=j\omega$),且 $-\infty<\omega<\infty$ 时,则 E_F 为频率特性曲线。于是,根据映射定理,当 s 沿 E_s 顺时针移动一周时,其映射线,即系统开环 Nyquist 轨迹顺时针包围原点即 $(0,j0)$ 点 $Z-P$ 圈,有

$$N=Z-P$$

又因为 $F(s)=1+G(s)H(s)$,故 $F(s)$ 与 $G(s)H(s)$ 在图形上完全相同,只是纵坐标轴向右平移一个单位,[F]平面的原点即为[GH]平面的 $(-1,j0)$ 点,如图 5.5(a)和(b)所示。由此可见,当 s 沿 E_s 移动一周时,E_s 的映射线 $G(s)H(s)$ 在[GH]平面上相对 $(-1,j0)$ 点的相位角变化应为 $(Z-P)\times2\pi$,即 $G(s)H(s)$ 顺时针包围 $(-1,j0)$ 点 $Z-P$ 圈。至此,可以给出 Nyquist 稳定判据如下。

闭环系统稳定的充要条件:当 ω 由 $-\infty$ 变到 $+\infty$ 时,系统开环幅相频率特性 $G(j\omega)H(j\omega)$ 曲线逆时针方向包围 $(-1,j0)$ 点的圈数 N 等于开环特征式 $N_{GH}(j\omega)$ 的正根数 P。若不满足此条件,则闭环系统不稳定。

若开环系统稳定($P=0$),则闭环系统稳定的充要条件是,系统 $G(j\omega)H(j\omega)$ 曲线不包围 $(-1,j0)$ 点,否则闭环系统不稳定。

规定:Nyquist 轨迹的行进方向,ω 由 $-\infty\to 0\to +\infty$;逆时针方向包围 $(-1,j0)$ 点 N 次是指按行进方向的左侧包围该点 N 次;若逆时针方向包围 $(-1,j0)$ 点的圈数记为正,则顺时针方向包围 $(-1,j0)$ 点的圈数记为负;不包围是指按行进方向,Nyquist 轨迹的右侧不包围 $(-1,j0)$ 点。

注意：由于 $G(j\omega)H(j\omega)$ 对称于实轴，通常只绘出 ω 为 $0\to+\infty$ 的 Nyquist 轨迹，在作稳定性判别时，应按 ω 由 $-\infty\to 0\to+\infty$ 来进行判别。

例 5-7 一单位反馈系统开环传递函数为

$$G_k(s) = \frac{K}{(T_1s+1)(T_2s+1)(T_3s+1)}$$

试判别闭环系统的稳定性。

解 作开环幅相频率特性曲线，即 Nyquist 轨迹，如图 5.7(a) 所示。由图可见，当 ω 由 $-\infty$ 变到 $+\infty$ 时，Nyquist 轨迹不包围 $(-1,j0)$ 点，即 $N=0$。由开环传递函数 $G_k(s)$ 可知，开环特征根均分布在 $[s]$ 平面的左半平面，开环系统不存在右极点，即 $P=0$，因此，根据 Nyquist 稳定判据，闭环系统稳定。

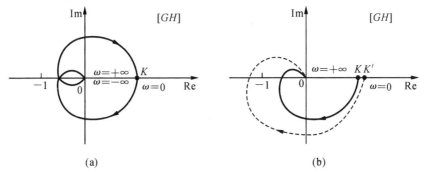

(a)   (b)

图 5.7 开环幅相频率特性曲线

若系统开环增益 K 增大到 K'，开环幅相频率特性曲线如图 5.7(b) 中虚线所示，由于幅相频率特性曲线在 ω 由 $-\infty$ 变到 0、由 0 变到 $+\infty$ 时对称于实轴，图 5.7(b) 中仅给出了 ω 由 0 变到 $+\infty$ 时的开环幅相频率特性曲线。由图可见，系统开环幅相频率特性曲线（右侧）顺时针包围 $(-1,j0)$ 点一圈，因此 $N=-1$，开环右极点数仍为 $P=0$，故 $N\neq P$，闭环系统不稳定。

例 5-8 一单位反馈系统开环传递函数

$$G_k(s) = \frac{2}{s-1}$$

试判别闭环系统的稳定性。

解 作出开环幅相频率特性曲线，如图 5.8 所示。由图可见，$G(j\omega)$ 曲线（左侧）逆时针包围 $(-1,j0)$ 点一圈，即 $N=+1$；由 $G_k(s)$ 可知开环是不稳定的，有一个正根，即 $P=1$，故 $N=P=1$，闭环系统稳定。

从上述这两个例子可以看出，若开环系统稳定，但各部件及被控对象的参数选择不当，很可能保证不了闭环系统的稳定性；而即便开环系统不稳定，只要合理地选择控制装置，也完全能使闭环系统稳定。

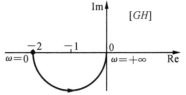

图 5.8 $2/(s-1)$ 的幅相频率特性曲线

最后,讨论当控制系统的开环传递函数 $G(s)H(s)$ 在 $[s]$ 平面的原点处有极点(即 $v \neq 0$)的情形,即 $G(s)H(s)$ 含有串联积分环节时的 Nyquist 稳定判据应用问题。在这种情况下,为使封闭曲线 E_s 不经过 $[s]$ 平面的原点,如图 5.9(a)所示,在坐标原点虚轴右侧作无穷小半径为 ε(ε 趋于零)的小半圆,使复变量 s 在坐标原点的右侧绕过坐标原点处的极点。当自变量 s 在该小半圆上变化时,有

$$s = \lim_{\varepsilon \to 0} \varepsilon e^{j\theta}$$

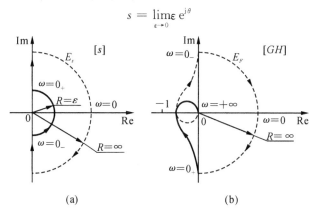

图 5.9 曲线有积分环节时的 E_s 和 E_F

其中对角度 θ 的规定为:当 ω 从 0_- 沿小半圆移动到 0_+ 时,按逆时针方向转过 π 角度。复变量在这一小半圆上移动的映射线 E_F 为

$$G(s)H(s)\big|_{s \to \lim\limits_{\varepsilon \to 0}\varepsilon e^{j\theta}} = \left(\lim_{\varepsilon \to 0}\frac{K}{\varepsilon^v}\right)e^{jv\theta} \tag{5-10}$$

对于 I 型系统($v=1$),由式(5-10)可见,$[s]$ 平面上以原点为圆心、半径趋于无穷小、位于该平面右半侧的小半圆的映射线 E_s,将按顺时针方向从 $\omega = 0_-$ 变化到 $\omega = 0_+$,其转角 θ 从 $-\pi/2$ 经 $0°$ 变化到 $\pi/2$;这时,$[GH]$ 平面内,由式(5-10)括号内极限可知,当 ε 趋于零时,幅值 (K/ε) 趋于无穷大,即半径趋于无穷大的圆弧 E_F 从 $\pi/2$ 经 $0°$ 变化到 $-\pi/2$,如图 5.9(b)所示。同理,如果开环传递函数中包含有 v 个积分环节,则绘制开环幅相频率特性曲线后,在 $[GH]$ 平面内,E_F 必须增补半径趋于无穷大的圆弧从 $v\pi/2$ 变化到 $-v\pi/2$ 的总相位角变化值,然后用相位角增补后的开环幅相频率特性曲线来分析闭环系统的稳定性。

例 5-9 一系统前向通道和反馈通道的传递函数分别为

$$G(s) = \frac{10}{s(s+1)}, \quad H(s) = \frac{10}{s+10}$$

试判别闭环系统的稳定性。

解 系统开环传递函数为

$$G(s)H(s) = \frac{10}{s(0.1s+1)(s+1)}$$

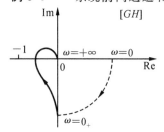

图 5.10 $10/[s(0.1s+1)(s+1)]$ 的幅相频率特性曲线

其幅相频率特性曲线如图 5.10 所示,开环传递函数中无右极点,即 $P=0$。由图 5.10 可见,系统开环 Nyquist 轨迹不包围 $(-1, j0)$ 点,即 $N=0$,故 $N=P$,

所以闭环系统是稳定的。

例 5-10 一单位反馈系统,其开环传递函数为

$$G_k(s) = \frac{K}{s^2(Ts+1)}$$

试用 Nyquist 判据判别闭环系统的稳定性。

解 系统开环 Nyquist 轨迹如图 5.11 所示。图中虚线是按 $v=2$ 画的总相位角增补圆弧,开环幅相频率特性曲线反向包围(-1,j0)点一圈,$N=-1$,开环右极点数 $P=0$,即 $N \neq P$,所以闭环系统不稳定。

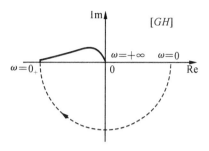

图 5.11 $K/[s^2(Ts+1)]$ 的幅相频率特性曲线

2. Bode 稳定判据

在工程计算中,常采用开环对数频率特性曲线,把 Nyquist 稳定判据的条件转换到开环对数频率特性曲线上来,直接利用开环对数频率特性曲线来判别闭环系统的稳定性。如图 5.12 所示为 Nyquist 图与 Bode 图的对应关系图,具体对应关系如下。

(1) 由于 $20\lg|1|=0$ dB,因此,Nyquist 图上的单位圆对应于 Bode 图上的 0 dB 线,即图中的对数幅频特性横轴;$|G(j\omega)H(j\omega)|>1$ 的范围,对应着 $20\lg|G(j\omega)H(j\omega)|>0$ 的范围,即单位圆外(内)的 Nyquist 轨迹在对数幅频特性图上则表示为在 0 dB 线之上(下);Nyquist 轨迹与单位圆交点的频率 ω_c,即是对数幅频特性曲线与 0 dB 线交点的频率 ω_c,该频率称为剪切频率或幅值穿越频率;在 ω_c 处,输入与输出幅值相等。

(2) Nyquist 图的负实轴相位角为 $-180°$,与 Bode 图上的 $-180°$ 线相对应。Nyquist 轨迹与负实轴交点的频率,亦即对数相频特性曲线与 $-180°$ 线交点处的频率,称为相位穿越频率或相位交界频率,记为 ω_g,图中 a、b 和 d 三个点处的频率均为相位穿越频率。

注意到 Nyquist 轨迹会出现穿越负实轴的情况。所谓穿越,是指开环 Nyquist 轨迹在(-1,j0)点以左,跨过负实轴。若沿频率 ω 增加的方向,开环 Nyquist 轨迹自上而下(相位增加)穿过(-1,j0)点以左的负实轴称为正穿越;相反,沿频率 ω 增加的方向,开环 Nyquist 轨迹自下而上(相位减小)穿过(-1,j0)点以左的负实轴称为负穿越。对应于 Bode 图上,在开环对数幅频特性为正值的频率范围内,沿 ω 增加的方向,对数相频特性曲线自下而上穿过 $-180°$ 线为正穿越;相反,沿 ω 增加的方向,对数相频特性曲线自上而下穿过 $-180°$ 线为负穿越。如图 5.12 所示,Nyquist 轨迹在点 a 处负穿越一次,点 b 处正穿越一次,点 d 在单位圆内,不列入穿越范围。

正穿越一次,对应于 Nyquist 轨迹逆时针包围(-1,j0)点一圈;负穿越一次,对应于 Nyquist 轨迹顺时针包围(-1,j0)点一圈。因此,开环 Nyquist 轨迹逆时针包围(-1,j0)点的次数就等于正穿越和负穿越的次数之差。于是根据 Nyquist 稳定判据和上述对应关系,Bode 稳定判据可表述如下。

闭环系统稳定的充要条件:在 Bode 图上,当 ω 由 0 变到 $+\infty$ 时,在开环对数幅频特性 $20\lg|G(j\omega)H(j\omega)|>0$ 的频率范围内,当开环对数相频特性 $\angle G(j\omega)H(j\omega)$ 曲线对 $-180°$

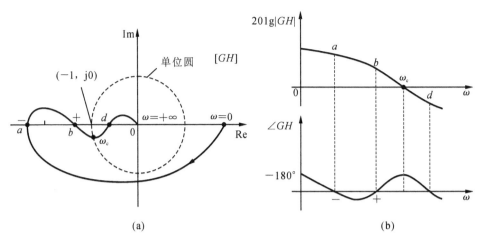

图 5.12 开环幅相频率特性曲线及其对应的 Bode 图

线正穿越与负穿越的次数之差为 $P/2$ 时,闭环系统稳定,否则闭环系统不稳定。其中 P 为系统开环传递函数在 $[s]$ 平面的右半平面上的极点数。

若 $P=0$,开环对数幅频特性曲线在 $20\lg|G(j\omega)H(j\omega)|>0$ 的所有频率范围内,对数相频特性 $\angle G(j\omega)H(j\omega)$ 曲线对 $-180°$ 线的正、负穿越次数之差等于零,则闭环系统稳定,否则闭环系统不稳定。

例如,若已知 $P=0$,对图 5.12 所示系统,由 Nyquist 轨迹和其对数频率特性曲线可知,根据 Nyquist 判据判别,闭环系统是稳定的,用 Bode 判据判别也是稳定的。

绝大多数控制系统的开环系统是最小相位系统,即 $P=0$,对数相频特性 $\angle G(j\omega)H(j\omega)$ 曲线与 $-180°$ 线的交点为 ω_g,如图 5.12 中的点 d。若 $\omega_c<\omega_g$,则闭环系统稳定;若 $\omega_c>\omega_g$,则闭环系统不稳定;若 $\omega_c=\omega_g$,则闭环系统临界稳定。换言之,若开环对数幅频特性达到 0 dB,即对数相频特性 $\angle G(j\omega)H(j\omega)$ 曲线与 $-180°$ 线交于 ω_c 时,其对数相频特性还在 $-180°$ 线以上,即相位还不足 $-180°$,则闭环系统稳定;若开环相频特性达到 $-180°$ 时,其对数幅频特性还在 0 dB 线以上,即幅值大于 1,则闭环系统不稳定。

在使用 Bode 稳定判据时,会遇上一些特殊情形,如有多个剪切频率和有积分环节的开环频率特性,下面予以介绍。

穿越的特殊情形是半穿越。如图 5.13 所示,若沿频率 ω 增加的方向,开环 Nyquist 轨迹在 $(-1,j0)$ 点以左的负实轴上,出现向下的行进,称为半次正穿越;反之,若沿频率 ω 增加的方向,开环 Nyquist 轨迹自 $(-1,j0)$ 点以左的负实轴上,出现向上的行进,称为半次负穿越。对应于 Bode 图:若对数相频特性曲线自 $-180°$ 线出发向上,为半次正穿越;反之,对数相频特性曲线自 $-180°$ 线出发向下,为半次负穿越。图中点 A 处发生半次负穿越,点 B 处发生半次正穿越。

若开环对数幅频特性在 0 dB 线有多个剪切频率,如图 5.14 所示,则取剪切频率最大的 ω_{c3} 来判别稳定性,因为,若用 ω_{c3} 判别系统是稳定的,则用 ω_{c1} 和 ω_{c2} 判别,自然也是稳定的。

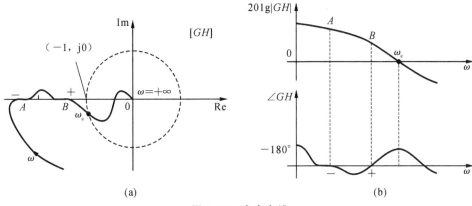

图 5.13 半次穿越

在几何判据中,须特别注意:Nyquist 稳定判据的逆时针包围(-1,j0)点一圈,$N=1$,正好对应于 Bode 稳定判据中的正穿越一次;顺时针包围(-1,j0)点一圈,$N=-1$,正好对应于 Bode 稳定判据中的负穿越一次。因此,Nyquist 轨迹逆时针包围(-1,j0)点的次数就等于正、负穿越的次数之差。

Bode 稳定性判别方法避免了 Nyquist 轨迹绘制的烦琐及辨认幅角转动方向的麻烦,此外,用 Bode 图来判别稳定性的方法还有下列优点。

(1) 利用 Bode 图上的渐近线,可以粗略地快速判别系统的稳定性。

(2) 在 Bode 图中,可以分别作出各环节的对数幅频与对数相频特性曲线,以便明确哪些环节是造成不稳定性的主要因素,从而对其中的参数进行合理选择或校正。

(3) 在调整开环增益 K 时,只需将 Bode 图中的对数幅频特性上下平移即可,因此很容易看出为保证稳定性所需的增益值。

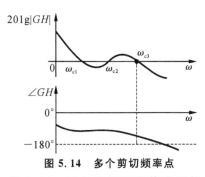

图 5.14 多个剪切频率点

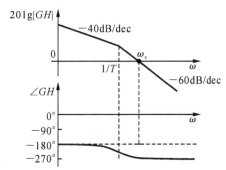

图 5.15 含有积分环节的对数频率特性曲线

例 5-11 已知系统开环传递函数

$$G(s)H(s) = \frac{K}{s^2(Ts+1)}$$

试用 Bode 判据判别闭环系统的稳定性。

解 绘制系统开环对数频率特性曲线,如图 5.15 所示。

开环传递函数中有两个积分环节,其相位角滞后量为 $-180°$,开环极点数为 $P=0$。

在 $20\lg|G(j\omega)H(j\omega)|>0$ 的所有频率范围内，相频特性曲线从 $-180°$ 向下行进，故出现负穿越 $-180°$ 线半次，即 $N_-=1/2$，而相频特性曲线没有正穿越，即 $N_+=0$。根据 Bode 判据知，$N=N_+-N_-=-1/2\ne P/2$，因此，闭环系统不稳定。

进一步的讨论：如果系统开环传递函数中增加一微分环节，在 $20\lg|G(j\omega)H(j\omega)|>0$ 的所有频率范围内，使 $N_+=1/2$，即正的半穿越，可满足稳定条件，当然，所增加的微分环节其转折频率必须小于 $1/T$。建议读者绘制 Bode 图进行讨论。

5.3 控制系统的稳定性储备

由于系统建模不可能十分精确，且工作时系统中参数会变化，为了使系统能很好地工作，不但要求系统稳定，而且要求其有一定的稳定裕量，即稳定性储备。

图 5.16 为典型的 Nyquist 轨迹及其对应的 Bode 图，假定系统开环传递函数极点 $P=0$。从图 5.16(a)所示 Nyquist 轨迹和稳定判据可推知，因 $P=0$，闭环系统稳定；Nyquist 轨迹与单位圆相交时，其交点 ω_c 处的相位角尚未达到 $-180°$，离系统闭环临界稳定还有相位储备 γ；而 Nyquist 轨迹在 ω_g 处，其幅值为 $1/K_g$，尚未达到 1。这就是说：当开环 Nyquist 轨迹在单位圆内虚轴上，越向左远离点 $(-1,j0)$，则其闭环系统的稳定性裕量越大；反之，开环 Nyquist 轨迹越靠近点 $(-1,j0)$，其闭环系统的稳定性裕量越小。这一相对关系称为系统的相对稳定性，它通过 $G(j\omega)H(j\omega)$ 与点 $(-1,j0)$ 的靠近程度来表征，定量表示为幅值储备 K_g 和相位储备 γ。

5.3.1 相位储备

在 $[GH]$ 平面中，如图 5.16(a)、(b)所示，γ 表示 Nyquist 轨迹在单位圆的交点 ω_c 和原点的连线与负实轴的相位角差值，称为相位储备，记为

$$\gamma=180°+\varphi(\omega_c) \tag{5-11}$$

其中，相位角 $\varphi(\omega_c)$ 为负值。

对于稳定系统，如图 5.16(a)所示，当 $\omega=\omega_c$ 时，Nyquist 轨迹在负实轴下方进入单位圆，其相位角 $\varphi(\omega_c)$ 大于 $-180°$，由式(5-11)知，γ 为正值，称其为正相位储备；对于不稳定系统，如图 5.16(b)所示，当 $\omega=\omega_c$ 时，Nyquist 轨迹在负实轴上方进入单位圆，其相位角 $\varphi(\omega_c)$ 小于 $-180°$，由式(5-11)知，γ 为负值，称其为负相位储备。

相应地，在 Bode 图中，相位储备表示为当 $\omega=\omega_c$ 时，相频特性 $\angle GH$ 距 $-180°$ 线的相位差值 γ。对于稳定系统，如图 5.16(c)所示，γ 在 Bode 图 $-180°$ 线以上，称其为正相位储备；对于不稳定系统，如图 5.16(d)所示，γ 在 Bode 图 $-180°$ 线以下，称其为负相位储备。

相位储备为正时表示系统不仅稳定，而且有相当的稳定性储备，它可以在 ω_c 的频率下，允许相位再增加绝对值为 γ 的相位角才达到 $\omega_g=\omega_c$ 的临界稳定条件。因此，相位储备 γ 又称相位裕量。

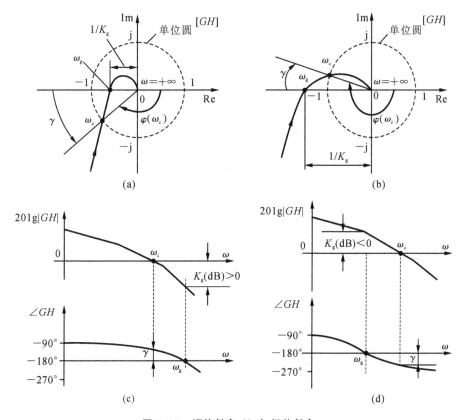

图 5.16　幅值储备 K_g 与相位储备 γ

（a）正幅值储备，正相位储备（Nyquist 图）；（b）负幅值储备，负相位储备（Nyquist 图）；
（c）正幅值储备，正相位储备（Bode 图）；（d）负幅值储备，负相位储备（Bode 图）

5.3.2　幅值储备

开环 Nyquist 轨迹与负实轴线交点（相位交界频率）ω_g 处幅值 $|G(j\omega)H(j\omega)|$ 的倒数称为系统的幅值储备，即

$$K_g = \frac{1}{|G(j\omega_g)H(j\omega_g)|} \tag{5-12}$$

在 Bode 图开环对数频率特性曲线上，相频特性曲线为 $-180°$ 线时的对数幅值与 0 dB 线的距离如图 5.16(c) 所示。其表达式为

$$20\lg K_g = -20\lg|G(j\omega_g)H(j\omega_g)|$$

幅值储备的含义是：如果系统开环增益增大到原来的 K_g 倍，则系统就将处于临界稳定状态。因此，幅值储备是系统在幅值上的幅值稳定性储备的裕量，简称为幅值裕量。

如图 5.16(a) 所示，稳定系统 Nyquist 轨迹的点 ω_g 在单位圆内；如图 5.16(b) 所示，不稳定系统 Nyquist 轨迹的点 ω_g 在单位圆外。

对于稳定系统，K_g 在 0 dB 线以下，$K_g>0$，此时称为正幅值储备，如图 5.16(c) 所示；

对于不稳定系统,K_g 在 0 dB 线以上,$K_g<0$,此时称为负幅值储备,如图 5.16(d)所示。

对于最小相位系统:当相位储备 $\gamma>0$ 且幅值储备 $K_g>1$(K_g 的分贝值大于零)时,表明系统是稳定的,γ 和 K_g 越大,系统的相对稳定程度越好;当 $\gamma<0$、$K_g<1$(K_g 分贝值为负)时,则表明系统是不稳定的。

5.3.3 稳定性储备量要求

一阶和二阶系统的相位裕量总大于零,而幅值裕量为无穷大,因此,从理论上讲,一阶、二阶系统不可能不稳定。但实际上,某些一阶和二阶系统的数学模型本身是忽略了一些次要因素后建立的,实际系统常常是高阶的,其幅值裕量不可能无穷大,因此,如开环增益太大,这些系统仍有可能不稳定。一般说来,仅用相位储备(或幅值储备)还不足以说明系统的稳定程度。但是,对于无零点的二阶系统和只要求粗略估算过渡过程性能指标的高阶系统,只用相位储备就可以了。

对三阶及以上系统,特别是系统中含有振荡环节且其阻尼比较小者,由于系统相位角滞后大,若开环增益大,系统很难满足稳定性要求,因而需要进行校正。

为了获得满意的动态过程,且有好的稳定性储备,从工程控制实践中总结出如下要求:
$$\gamma = 30° \sim 60°, \quad K_g(\text{dB}) > 6 \text{ dB} \text{ 或 } K_g > 2 \text{ dB}$$

例 5-12 设系统的开环传递函数为
$$G(s)H(s) = \frac{K\omega_n^2}{s(s^2 + 2\xi\omega_n s + \omega_n^2)}$$

试分析阻尼比 ξ 和增益 K 与该闭环系统的相对稳定性关系。

解 先分析阻尼比 ξ 与系统的相对稳定性关系:假定增益 $K=1$,ξ 较小,取 $\xi<0.3$。系统的 $G(j\omega)H(j\omega)$ 将具有如图 5.17 所示的形状。由于在 ξ 很小时,振荡环节的幅频特性峰值很高,尽管其相位储备 γ 较大,但幅值储备 K_g 却很小。也就是说,在 $G(j\omega)H(j\omega)$ 的剪切频率 ω_c 处 γ 大,但在频率 ω_g 附近,Nyquist 轨迹十分靠近 $[GH]$ 平面上的点(-1,

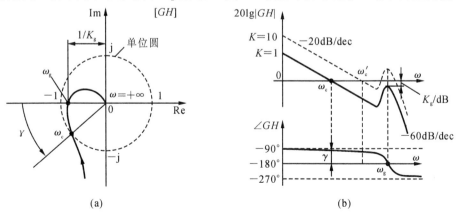

图 5.17 例 5-12 的 Nyquist 图和 Bode 图

j0),可见 K_g 过小。如果仅以 γ 来评定该系统的相对稳定性,将得出系统稳定程度高的结论,此结论不符合实际情况。如果阻尼比极小,$\xi \approx 0$,由于谐振峰值很高,系统几乎没有幅值储备,甚至不稳定。

接着分析增益与系统的相对稳定性关系:假定 $\xi=0.2$,比较图 5.17(b)中 $K=1$ 和 $K=10$ 的对数幅频特性,从图 5.17 中虚线所示的对数幅频特性图可以看出,较大的增益会导致负的幅值储备,即系统不稳定。

5.4 频域性能指标与时域性能指标关系

一个控制系统可以分为被控制对象和控制器两大部分。被控制对象包括了执行器,它是推动负载对象的基本部分,其结构在全工作过程中,结构形式和参数属于不可变的,通常为系统的固有部分。如何设计出一个符合系统的性能指标要求的控制器,是反馈控制系统研究的重要内容。这一节侧重讨论系统性能指标,根据性能指标设计控制器将在第 6 章中讨论。控制系统的性能包括如下五个方面。

(1) 稳定性　稳定性是指在干扰去除后,系统恢复原有工作状态的能力。稳定性与惯性不同,惯性是系统试图保持原有运动状态的能力。

(2) 瞬态性能　瞬态性能指系统受到输入作用后,系统输出和内部状态参数在整个时间过程中表现出来的特性。在控制系统分析与设计中,对于单输入-单输出系统,通常关心的是在输入作用后较短时间内系统输出的结果,侧重讨论响应过渡过程中各时间指标和动态误差的变化规律。

(3) 稳态性能　稳态性能指系统受到输入作用后,系统输出和内部状态参数经过足够长的时间后表现出来的特性。主要讨论足够长的时间后,系统稳态误差与系统结构及输入信号形式的关系和特征。

(4) 对参数变化的不敏感性　对参数变化的不敏感性指当系统中结构参数变化时,系统保持原有运动状态的能力。

(5) 抗噪声能力　抗噪声能力指当系统承受噪声干扰后,系统保持原有运动状态的能力。

抗噪声能力是系统抗外部干扰的能力,而对参数变化的不敏感性是系统抗内部干扰的能力。抗噪声能力强调干扰的持续作用,这一点有别于稳定性。

从控制系统工程实现的基本要求上,设计出一个性能优越的系统,其基本任务是使系统的稳定性储备充足、快速性好且被控制量准确。系统对参数变化的不敏感性和抗噪声能力不在本书的讨论范围内,因此,这里讨论的也就是稳定性储备、快速性、稳态误差和误差准则。稳定性在前面已经讨论,关于如何使用误差来改善系统性能指标将在本节最后误差准则中讨论。控制系统采用频域和时域的分析方法,因此,讨论系统快速性的指标相应地有时域性能指标和频域性能指标两种指标形式,两种性能指标间存在相互等价转换的关系。

5.4.1 时域性能指标

时域性能指标包括瞬态性能指标和稳态性能指标。为了分析方便并使表征系统的时域性能指标具有可比性,现约定:① 系统处理用单位反馈系统来表达,如图 5.18 所示;② 取输入信号为单位阶跃函数,即 $X(s)=1/s$;③ 系统的初始状态为零状态。

一典型系统对单位阶跃输入信号的响应曲线如图 5.19 所示,对应的理论输出达到稳态时的响应值等于参考输入。为了表征系统的时域瞬态性能指标,特规定如下性能指标。

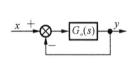
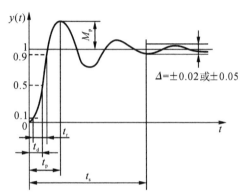

图 5.18 单位反馈系统　　　　　　图 5.19 单位阶跃响应曲线

(1) 延迟时间 t_d　　输出量第一次达到稳态值一半的时间。

(2) 上升时间 t_r　　输出量第一次达到稳态值 $y(\infty)$ 的时间。对于无振荡系统,常把响应曲线由稳态值的 10% 到 90% 的时间作为上升时间。

(3) 峰值时间 t_p　　输出量第一次达到峰值的时间。

(4) 过渡过程时间(或称调整时间)t_s。　输出量 y 与稳态值 $y(\infty)$ 之间的差值达到允许范围 Δ,并维持在此范围内所需的时间。Δ 为稳态误差的允许值,一般取 Δ 为 2% 或 5%。

(5) 超调量 M_p　　输出量最大值 y_p 超过 $y(\infty)$ 或给定值的百分数。超调量有时被称为最大超调量,即

$$M_p = [(y_p - y(\infty))/y(\infty)] \times 100\%$$

一般情况下,要求 M_p 值在 5%~35% 之间。

(6) 振荡次数 μ　　在调节时间 t_s 内,输出量偏离稳态值的振荡次数。

上述几项指标中,上升时间 t_r 及调整时间 t_s 标志暂态过程的快速性,而超调量 M_p 及振荡次数 μ 标志暂态过程的准确性。

系统的误差也属于时域性能指标范围,由于在定义调整时间概念时使用了允许稳态误差,因此,第 3 章的误差分析用于评价系统的误差特性而不作为性能指标来要求系统。

5.4.2 频域性能指标

频域性能指标包括稳定性储备指标和闭环频率性能指标。稳定性储备指标主要有:

幅值储备 K_g、相位储备 γ、剪切频率 ω_c。闭环频率性能指标主要有：复现频率 ω_m 和复现带宽 $0\sim\omega_m$、谐振峰值 M_r 和谐振频率 ω_r、截止频率 ω_b 和截止带宽 $0\sim\omega_b$。

这里讨论闭环频率性能指标。设反馈系统的闭环幅频特性曲线如图 5.20 所示，对应的闭环对数幅频特性曲线如图 5.21 所示，闭环系统频域的主要特征量表述如下。

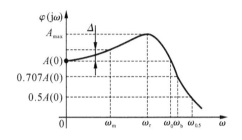 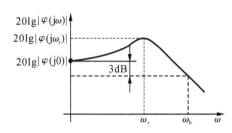

图 5.20 闭环幅频特性曲线　　　　图 5.21 闭环对数幅频特性曲线

（1）零频值　零频值是指频率等于零时的闭环幅值，即 $|\varphi(j0)|$，记为 $A(0)$。当 $A(0)=1$（即 $20\lg|A(0)|=0$）时，则系统阶跃响应的终值等于输入信号的幅值，稳态误差为零。当 $20\lg|A(0)|\neq 0$ 时，则系统存在稳态误差，故零频幅值反映了系统的稳态精度。

（2）谐振峰值 M_r　若记幅频特性的最大值 $|\varphi(j\omega_r)|$ 为 $A_{\max}$，则谐振峰值为 $A_{\max}/A(0)$，记为 M_r。谐振峰值 M_r 对应的频率称为谐振频率，记为 ω_r。由此定义，对于二阶系统，可以求得

$$M_r = \frac{1}{2\xi\sqrt{1-\xi^2}} \tag{5-13}$$

较大的 M_r 意味着系统的阻尼比小，阶跃响应将有较大的超调量，平稳性差；谐振峰值越大则稳定储备也就越小。一般情况下，要求 $M_r=1.2\sim 1.5$，以使系统有适度的振荡，从而具有较好的快速性。

（3）截止频率和截止频率带宽　如图 5.21 所示，闭环对数幅频特性相对于零频值 $A(0)$ 下降 3 dB 时的对应频率 ω_b，称为截止频率，或称为带宽频率。截止频率的范围称截止频率带宽，或简称为带宽，即 $0<\omega\leqslant\omega_b$。在如图 5.20 所示闭环幅频特性曲线中，$\omega_b$ 是闭环幅值曲线上 $0.707A(0)$ 所对应的频率。截止频率带宽频率范围越大，表明系统复现快速变化信号的能力越强，系统快速性越好，阶跃响应上升时间和调整时间越短，但系统抑制输入端高频噪声的能力就越弱。当输入信号频率大于截止频率时，其响应幅值出现大幅度衰减。

（4）复现频率和复现频率带宽　如图 5.21 所示，复现频率是指幅频特性值 $|\varphi(j\omega)|$ 与零频值之差不超出规定的幅值允许误差 Δ 的最大频率，记为 ω_m。复现频率的范围称为复现频率带宽，即 $0<\omega\leqslant\omega_m$。复现频率带宽表征了系统复现低频输入信号的能力，换言之，系统不能正确响应频率大于 ω_m 的输入信号。通常都不希望系统在工作中产生谐振，于是，所选取的允许误差 Δ 的值应该使 $\omega_m<\omega_r$。

5.4.3 频域指标与时域性能指标的相互关系

这里主要讨论用以描述控制系统性能的时域性能指标与频域性能指标之间的关系,从而揭示出从不同角度、根据不同的方法来分析与设计控制系统的内在联系。

1. 闭环频率特性特征量与时域指标的关系

1) 一阶系统

一阶系统的闭环传递函数为

$$G_b(s) = 1/(Ts+1)$$

其带宽为

$$\omega_b = 1/T$$

由第 3 章时域分析可知,当取允许误差 $\Delta=5\%$ 时

$$t_s = 3T, \quad t_r = 2.2T$$

因此有

$$t_s = 3/\omega_b, \quad t_r = 2.2/\omega_b$$

可见,带宽频率与调节时间成反比,与上升时间成反比。

2) 欠阻尼二阶系统

设欠阻尼二阶系统为

$$\Phi(j\omega) = \frac{\omega_n^2}{(j\omega)^2 + 2\xi\omega_n(j\omega) + \omega_n^2} \tag{5-14}$$

由时域分析可知

$$t_s = \frac{3.5}{\xi\omega_n}, \quad t_r = \frac{\pi-\beta}{\omega_n\sqrt{1-\xi^2}}, \quad t_p = \frac{\pi}{\omega_n\sqrt{1-\xi^2}}$$

根据闭环幅频特性及带宽频率定义可知

$$\left| \frac{\omega_n^2}{(j\omega)^2 + 2\xi\omega_n(j\omega) + \omega_n^2} \right|_{\omega=\omega_b} = 0.707$$

得 ω_b 与 ω_n 的关系式如下:

$$\omega_b = \sqrt{(1-2\xi^2) + \sqrt{(1-2\xi^2)^2 + 1}} \cdot \omega_n \tag{5-15}$$

可见,带宽 ω_b 与自然频率 ω_n 成正比。由此可以推知,t_s、t_r 和 t_p 也都与 ω_b 成反比。

将 t_p 的表达式和式(5-13)代入 $\omega_r=\omega_n\sqrt{1-2\xi^2}$ 中,可得

$$t_p = \pi\omega_r \sqrt{\frac{2\sqrt{M_r^2-1}}{M_r + \sqrt{M_r^2-1}}} \tag{5-16}$$

通过推导,超调量 M_p 和调整时间 t_s 与谐振峰值 M_r 的关系式如下:

$$M_p = \exp\left(-\pi \cdot \sqrt{\frac{M_r - \sqrt{M_r^2-1}}{M_r + \sqrt{M_r^2-1}}}\right) \times 100\% \tag{5-17}$$

$$t_s = \omega_r \sqrt{\frac{2\sqrt{M_r^2-1}}{M_r+\sqrt{M_r^2-1}}} \cdot \ln\frac{\sqrt{2M_r}}{\Delta\sqrt{M_r+\sqrt{M_r^2-1}}} \tag{5-18}$$

3) 高阶系统

高阶系统的 M_r、ω_b 与时域指标之间的关系也是确定的,其解析表达式难以求解,这里介绍一个根据闭环幅频特性曲线来估算时域指标的经验公式。由图 5.21 可得,时域性能指标的估算公式为

$$M_p = \left\{41 \times \ln\left[\frac{M_r A(\omega_0/4)}{A(0)}\frac{\omega_b}{\omega_{0.5}}\right]+17\right\}\times 100\% \tag{5-19}$$

$$t_s = \left(13.57 M_r \frac{\omega_b}{\omega_{0.5}} - 2.51\right)\frac{1}{\omega_{0.5}} \tag{5-20}$$

2. 闭环带宽与开环剪切频率的关系

系统的剪切频率 ω_c 和闭环的带宽频率 ω_b 之间有密切关系。ω_c 越大,ω_b 也越大;反之,ω_c 越小,ω_b 也越小。因此,常用 ω_c 来衡量系统的响应速度。

对二阶系统,剪切频率可由 $|G(j\omega_c)|=1$ 求得:

$$\omega_c = \sqrt{\sqrt{1+4\xi^4}-2\xi^2} \cdot \omega_n \tag{5-21}$$

由式(5-21)解出 ω_n 代入式(5-15),得

$$\omega_b = \omega_c \cdot \sqrt{\frac{(1-2\xi^2)+\sqrt{(1-2\xi^2)^2+1}}{\sqrt{1+4\xi^4}-2\xi^2}} \tag{5-22}$$

计算可知,当 $\xi=0.4$ 时,$\omega_b=1.6\omega_c$;当 $\xi=0.707$ 时,$\omega_b=1.55\omega_c$。初步设计时,可取 $\omega_b \approx 1.6\omega_c$。

初步设计时,如果系统主要特性由主导极点支配,则可仿照二阶系统,取 $\omega_b=(1.5\sim1.6)\omega_c$ 来近似计算;对闭环特性近似为三阶的高阶系统,取 $\omega_b=1.3\omega_c$ 来近似计算,待设计后再进一步修正。

3. 开环对数频率特性和时域指标的关系

相位储备 γ 是在频域内描述系统稳定程度的指标,而系统的稳定程度直接影响时域指标 M_p 和 t_s,因此,γ 必定与 M_p 和 t_s 存在内在联系。对式(5-14)所表达的二阶系统,其相位储备为

$$\gamma = 180° + \angle G(j\omega_c)H(j\omega_c) = 90° - \arctan\frac{\omega_c}{2\xi\omega_c} \tag{5-23}$$

将式(5-21)代入式(5-23),得

$$\gamma = \arctan\frac{2\xi}{\sqrt{\sqrt{1+4\xi^4}-2\xi^2}} \tag{5-24}$$

式(5-24)表明:γ 越大,ξ 也越大;γ 越小,ξ 也越小。

由开环对数幅频特性求时域指标的方法:首先从开环对数幅频特性曲线上求得 ω_n 和 γ 值,然后通过式(5-24)计算 ξ 值,由 ξ 值便可计算 M_p、t_p 和 t_s。

5.4.4 误差准则

对稳定的系统,希望其控制性能优良。控制系统的误差 e 是希望输出 y_d 与其实际输出 y 之差值,将此差值以某误差性能指标规则或函数规律在时间 $0\sim+\infty$ 上进行积分,由于该积分是系统参数的函数,若此积分取得极值,则可以获得优良性能的控制系统。这一积分称为误差准则。

记误差 $e=y_d-y$,误差准则的性能指标通常有如表 5.2 所示形式。

表 5.2 常用误差准则表

序号	积分准则	积分形式	适应场合	主要效果和不足
1	误差平方	$\int_0^\infty e^2(t)dt$	侧重于大误差,特别是初始大误差	过渡过程时间较短,稳定储备较差
2	时间乘以误差平方	$\int_0^\infty te^2(t)dt$	侧重于过渡过程后期误差	过渡过程时间较长
3	广义误差	$\int_0^\infty [e^2(t)+\tau\cdot\dot{e}^2(t)]dt$	侧重于大误差和误差变化率(τ 为误差变化率权重系数)	过渡过程时间较短,过渡过程输出曲线较平滑
4	绝对误差	$\int_0^\infty |e(t)|dt$	侧重于初始误差	过渡过程时间较短,不适宜于过阻尼或过分欠阻尼系统,不易用解析法求解
5	时间乘以绝对误差	$\int_0^\infty t|e(t)|dt$	侧重于过渡过程后期误差	超调小,不易用解析法求解
6	时间乘以绝对误差及绝对误差变化率	$\int_0^\infty t[|e(t)|+|\dot{e}(t)|]dt$	侧重于过渡过程后期误差及其变化率	有良好的动态性能,不易用解析法求解

误差准则主要是通过对系统性能指标提出要求,选择期望的权重因素,即对系统性能指标影响大且该指标不够理想的因素,然后对误差积分并取极值从而求得使系统性能最佳的结构参数。误差准则作为控制系统设计的一个方面,其主要意义在于利用误差规则来选择结构参数,以改善系统性能。准则的合理选取依赖于设计者对系统性能与结构参数的关系的深入理解,同时,误差准则大多不易用解析法求解。下面通过例子说明利用误差准则求解的过程。

例 5-13 设有如图 5.22 所示单位反馈二阶控制系统,其输入为单位阶跃信号,分别按误差平方积分准则、时间乘以误差平方积分准则和广义误差平方积分准则,求解使系统性能最佳的结构参数 ξ。

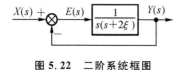

图 5.22 二阶系统框图

解 由系统框图知,系统误差信号的拉氏变换为

$$E(s)=\frac{1}{1+G(s)H(s)}X_i(s)=\frac{s(s+\xi)}{s^2+2\xi s+1}\cdot\frac{1}{s}$$

对上式作拉氏反变换得

$$e(t) = \exp(-\xi t) \cdot \left(\cos\sqrt{1-\xi^2}\,t + \frac{\xi}{\sqrt{1-\xi^2}}\sin\sqrt{1-\xi^2}\,t\right) \quad (t \geqslant 0)$$

(1) 按误差平方积分准则求解最佳 ξ。

误差平方为

$$e^2(t) = \exp(-2\xi t) \cdot \left[\frac{1}{2(1-\xi^2)} + \frac{1}{2}\frac{1-2\xi^2}{1-\xi^2}\cos 2\sqrt{1-\xi^2}\,t + \frac{\xi}{\sqrt{1-\xi^2}}\sin 2\sqrt{1-\xi^2}\,t\right] \quad (t \geqslant 0)$$

取 $e^2(t)$ 的拉氏变换,记为 $F(s)$,有

$$F(s) = L[e^2(t)]$$

$$= \frac{1}{2(1-\xi^2)}\frac{1}{s+2\xi} + \frac{1}{2} \times \frac{1-2\xi^2}{1-\xi^2}\frac{s+2\xi}{(s+2\xi)^2+4(1-\xi^2)} + \frac{\xi}{\sqrt{1-\xi^2}}\frac{2\sqrt{1-\xi^2}}{(s+2\xi)^2+4(1-\xi^2)}$$

因为

$$\lim_{s \to 0}F(s) = \lim_{s \to 0}\int_0^\infty e^2(t)e^{-st}\mathrm{d}t = \int_0^\infty e^2(t)\mathrm{d}t$$

所以

$$I = \int_0^\infty e^2(t)\mathrm{d}t = \lim_{s \to 0}F(s) = \xi + \frac{1}{4\xi}$$

对 I 求极值,即 $\mathrm{d}I/\mathrm{d}\xi = 0$,解得 $\xi = 0.5$

由于 $\mathrm{d}^2 I/\mathrm{d}\xi^2 > 0$,所以当 $\xi = 0.5$ 时性能指标 I 具有极小值,其值为 1。

(2) 按时间乘以平方误差准则求解最佳 ξ。

由拉氏变换的微分定理知

$$L[t \cdot e^2(t)] = -\mathrm{d}F(s)/\mathrm{d}s$$

$$-\frac{\mathrm{d}F(s)}{\mathrm{d}s} = \frac{1}{2(1-\xi^2)}\frac{1}{(s+2\xi)^2} + \frac{1-2\xi^2}{2(1-\xi^2)}\frac{(s+2\xi)^2+4(1-\xi^2)}{[(s+2\xi)^2+4(1-\xi^2)]^2} + \frac{4\xi(s+2\xi)}{[(s+2\xi)^2+4(1-\xi^2)]^2}$$

因此

$$I = \int_0^\infty te^2(t)\mathrm{d}t = \lim_{s \to 0}\left[-\frac{\mathrm{d}F(s)}{\mathrm{d}s}\right] = \xi^2 + \frac{1}{8\xi^2}$$

求 $\mathrm{d}I/\mathrm{d}\xi = 0$,解得 $\xi = 0.595$

(3) 按广义误差平方积分准则求解最佳 ξ。

广义误差平方积分准则为

$$I = \int_0^\infty [e^2(t) + \tau \cdot \dot{e}^2(t)]\mathrm{d}t$$

取 $\tau = 1$,有

$$I = \int_0^\infty [e^2(t) + \dot{e}^2(t)]\mathrm{d}t$$

其中,$e(t)$ 在上面已经求得,现给出 $\dot{e}^2(t)$ 的计算式:

$$\dot{e}(t) = (-\xi)\exp(-\xi t) \cdot \left(\cos\sqrt{1-\xi^2}\,t + \frac{\xi}{\sqrt{1-\xi^2}}\sin\sqrt{1-\xi^2}\,t\right)$$

$$+ \exp(-\xi t) \cdot \left[(-\sqrt{1-\xi^2})\sin\sqrt{1-\xi^2}\,t + \xi\cos\sqrt{1-\xi^2}\,t\right] \quad (t \geqslant 0)$$

得

$$\dot{e}^2(t) = \frac{\exp(-2\xi t)}{1-\xi^2} \cdot (\sin\sqrt{1-\xi^2}\,t)^2 \quad (t \geqslant 0)$$

$$L[\dot{e}^2(t)] = \frac{1}{2(1-\xi^2)} \frac{1}{s+2\xi} - \frac{1}{2(1-\xi^2)} \frac{s+2\xi}{(s+2\xi)^2 + 4(1-\xi^2)}$$

于是 $$I = \int_0^\infty [e^2(t) + \dot{e}^2(t)]dt = \lim_{s\to 0}L[e^2(t)] + \lim_{s\to 0}L[\dot{e}^2(t)] = \xi + \frac{1}{2\xi}$$

由 $dI/d\xi=0$，解得 $\xi=0.707$

从本例可以看出，采用不同的误差准则求解得到的结构参数是有区别的。

使用误差准则时应特别注意控制系统必须是稳定的，因为不稳定系统的误差是发散的。

习　题

5-1　试用代数判据确定具有下列特征方程的系统稳定性，已知其中有一特征根为 $\lambda = -10$。

(1) $s^3 + 6s^2 - 45s - 50 = 0$；

(2) $s^3 - 7s^2 - 40s - 100 = 0$。

5-2　单位负反馈系统的开环传递函数为

$$G_k(s) = \frac{K}{s(0.1s+1)(0.25s+1)}$$

试用罗斯稳定判据确定系统稳定时 K 值的范围。

5-3　系统特征方程为

$$D(s) = s^4 + 2s^3 + 3s^2 + 4s + 5 = 0$$

试用罗斯稳定判据判别系统的稳定性。

5-4　已知一单位反馈系统的开环传递函数为

$$G_k(s) = \frac{K(s+1)}{s(Ts+1)(2s+1)}$$

试确定能使系统稳定的参数 K、T 的数值，当 $T=3$ s 时，求 K 的范围。

5-5　设系统的特征方程式为

$$D(s) = s^3 + 2s^2 + s + 2 = 0$$

试用罗斯稳定判据判别系统的稳定性。

5-6*　设系统的开环传递函数为

$$G(s)H(s) = \frac{K(T_2s+1)}{s^2(T_1s+1)}$$

该闭环系统的稳定性取决于 T_1 和 T_2 的相对值，试画出开环幅相频率特性曲线，并用 Nyquist 稳定判据确定系统的稳定性。

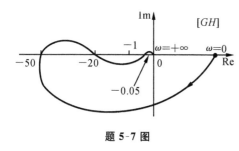

题 5-7 图

5-7*　负反馈系统开环幅相频率特性图如题 5-7 图所示。假设系统开环传递函数 $K=500$，在 $[s]$ 右半平面内开环极点数 $P=0$。

试确定使系统稳定时 K 值的范围。

5-8 设控制系统的开环传递函数为

(1) $G_k(s) = \dfrac{100}{s(0.2s+1)}$；

(2) $G_k(s) = \dfrac{50}{(0.2s+1)(s+2)(s+0.5)}$；

(3) $G_k(s) = \dfrac{10}{s(0.1s+1)(0.25s+1)}$；

(4) $G_k(s) = \dfrac{100(s+1)}{s(0.1s+1)(0.5s+1)(0.8s+1)}$；

(5)* $G_k(s) = \dfrac{10}{s(0.2s+1)(s-1)}$。

试用 Bode 稳定判据判别对应闭环系统的稳定性，并确定稳定系统的相位储备和幅值储备。

5-9 试确定题 5-9 图所示系统的稳定性。

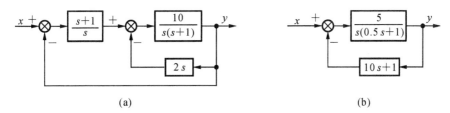

题 5-9 图

5-10 设系统开环频率特性曲线如题 5-10 图(a)～(h)所示，试用 Nyquist 稳定判据判别闭环系统的稳定性。已知各开环传递函数分别为

(a) $G(s)H(s) = \dfrac{K}{(T_1s+1)(T_2s+1)(T_3s+1)}$；

(b) $G(s)H(s) = \dfrac{K}{s(T_1s+1)(T_2s+1)}$；

(c) $G(s)H(s) = \dfrac{K}{s^2(Ts+1)}$；

(d) $G(s)H(s) = \dfrac{K(T_1s+1)}{s^2(T_2s+1)}$ $(T_1 > T_2)$；

(e) $G(s)H(s) = \dfrac{K(T_1s+1)(T_2s+1)}{s^3}$；

(f) $G(s)H(s) = \dfrac{K(T_5s+1)(T_6s+1)}{s(T_1s+1)(T_2s+1)(T_3s+1)(T_4s+1)}$；

(g) $G(s)H(s) = \dfrac{K}{T_1s-1}$ $(K>1)$；

(h) $G(s)H(s) = \dfrac{K}{T_1s-1}$ $(K<1)$。

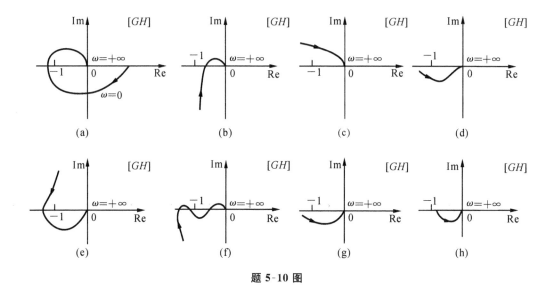

题 5-10 图

第6章 控制系统的性能分析与校正

控制系统良好的稳定性是其正常工作的必要条件,在进行系统设计时往往发现设计出来的系统不能满足指标的预期要求,且有时相互矛盾。例如:当提高系统的稳定精度时,其稳定性下降;反之,当系统有足够的稳定性时,精度又可能达不到要求,这就要求调整系统中原有的某些参数,或者在原系统中加入某些环节,使其全面满足给定的设计指标要求。

6.1 系统的性能指标与校正方法

6.1.1 系统的性能指标

控制系统的性能指标包括静态性能指标和动态性能指标。

静态性能指标主要指稳态误差 e_{ss},它是指系统希望的输出与实际输出之差,主要与系统的型次和开环增益的大小有关。一般来讲,系统型次越高,开环增益越大,稳态误差越小。

动态性能指标包括时域动态性能指标和频域动态性能指标两类。时域动态性能指标主要指上升时间 t_r、峰值时间 t_p、调整时间 t_s、超调量 M_p 和振荡次数 N。频域动态性能指标主要包括谐振峰值 M_r、谐振频率 ω_r、带宽 ω_b、开环相位裕量 γ、开环幅值裕量 K_g。

时域和频域动态性能指标之间是可以相互转换的。对三阶及三阶以上的系统而言,频域和时域之间的换算关系非常烦琐。而对二阶系统而言,时域和频域指标之间具有比较简单确切的数学关系,这在第5章也有详细的论述,其定性关系一般为:谐振峰值 M_r 越大,超调量 M_p 越大;当超调量 M_p 一定时,调整时间 t_s、峰值时间 t_p 与带宽 ω_b 或谐振频率 ω_r 成反比。

6.1.2 系统的校正方式及特点

按照校正装置在系统中的连接方式不同,系统的校正方式可以分为串联校正和反馈校正两种。

1. 串联校正

校正环节和原系统之间是串联的关系,这样的校正方式称为串联校正,如图 6.1 所示。$G_o(s)$ 是原系统传递函数,$G_c(s)$ 就是串联校正环节。通常为了减小校正环节消耗的能量,串联校正环节一般都位于前向通道功率等级较小的位置。

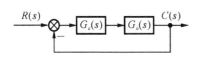
图 6.1 串联校正方框图

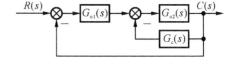
图 6.2 反馈校正方框图

2. 反馈校正

反馈校正又称为并联校正,校正环节放在局部反馈通道中,如图 6.2 所示。图中,$G_{o1}(s)$、$G_{o2}(s)$ 是系统原始传递函数,$G_c(s)$ 是反馈校正环节,该校正方式要检测输出量 $C(s)$,经过运算处理后反馈到输入端进行控制。按照对检测到的输出量的处理方法不同,反馈校正又可以分为位置反馈、速度反馈和加速度反馈三种。

串联校正和反馈校正各有特点。利用串联校正方式更容易对已有的传递函数进行各种变换,其物理实现也比较容易,成本较低。反馈校正的设计比串联校正的复杂,有时要使用比较昂贵的传感器,但它能消除被包围部分的参数波动对系统性能的影响。因此,对于技术要求不高、结构简单、成本低的系统,可采用串联校正。

当系统有特殊要求,特别是被控对象参数不稳定时,应采用反馈校正。

在对系统指标要求较高的情况下,可以同时使用反馈校正和串联校正。串联校正和反馈校正一般都位于系统主反馈内部,如图 6.3 所示。

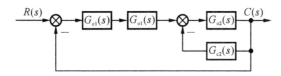
图 6.3 串联、反馈校正方框

6.1.3 校正装置的设计方法

对于线性控制系统,常用校正装置的设计方法有分析法和综合法两种。

分析法又称试探法,直观、物理上容易实现,但要求设计者有一定的设计经验,且其设计过程带有试探性。综合法又称期望特性法,采用综合法设计校正装置的具体步骤是:根据系统性能指标要求求出符合要求的闭环期望特性,然后由闭环和开环的关系得出期望的开环特性,与原有开环特性相比较,从而确定校正方式、校正装置的形式和参数。综合法有较强的理论意义,但是所得出的校正装置传递函数可能很复杂,难以在物理上实现。

当设计系统要求的是时域性能指标时,一般在时域内进行系统设计。由于三阶和三阶以上系统的准确时域分析比较困难,因此时域内的系统设计一般把闭环传递函数设计成二阶或一阶系统,或者采用闭环主导极点的概念把一些高阶系统简化为低阶系统,然后进行分析设计。

当系统给出的是频域性能指标时,一般在频域内进行系统设计。这是一种间接的设计方法，因为设计满足的是一些频域指标而不是时域指标。但在频域内设计又是一种简便的方法，它使用开环系统 Bode 图作为分析的主要手段。在 Bode 图上，可以很方便地根据频域指标确定校正装置的参数。这是因为开环 Bode 图表征了闭环系统稳定性、快速性和稳态精度等方面的指标。在 Bode 图中，低频段表征闭环系统的稳态性能，中频段表征闭环系统的动态性能和稳定性，高频段表征闭环系统的噪声抑制能力。所以在频域内设计闭环系统时，就是要在原频率特性内加入适合的校正装置，使整个开环系统的 Bode 图变成所期望的形状。

由于频域法的优点及低阶系统时域和频域指标可以相互转换，所以本章系统校正主要采用频域内的分析法，对开环系统的 Bode 图进行改造，使其满足要求的指标。校正计算完成后应当检验校正后的系统是否满足全部性能指标要求，如不满足则应修正，有时需反复计算才能取得满意的结果。

6.2 串联校正

按照校正环节相频特性的不同，串联校正又可分为超前校正、滞后校正、滞后-超前校正三种。下面就以电气校正装置为例来学习串联校正装置的性质及设计方法。

6.2.1 超前校正

1. 超前校正环节的特点

图 6.4 是超前校正网络的电气原理图，它实际上是采用 RC 元件的无源高通滤波器。

该环节以 u_i 为输入电压，u_o 为输出电压，其传递函数为

$$G_c(s) = \cfrac{R_2}{R_2 + \cfrac{1}{Cs + \cfrac{1}{R_1}}} = \alpha \frac{Ts+1}{\alpha Ts + 1}$$

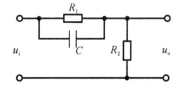

图 6.4 超前校正环节电气原理图

式中：$\alpha = \dfrac{R_2}{R_1 + R_2} < 1$，$T = R_1 C$。

由以上传递函数可见：此环节的开环增益为 α，且 $\alpha < 1$。因此，当它串联在系统中后，会使原系统的稳态误差增大。为消除影响，在下面的讨论中，都采用一个放大倍数是 $1/\alpha$ 的比例环节与超前校正环节串联使用，其总的传递函数是

$$G_c(s) = \frac{Ts+1}{\alpha Ts + 1} \tag{6-1}$$

与比例环节串联后，新的超前环节的 Bode 图如图 6.5 所示。从 Bode 图上可以看出，超前环节具有通高频阻低频的特点。

由式(6-1)可得相频特性为 $\quad \varphi(\omega) = \arctan(T\omega) - \arctan(\alpha T\omega)$

可见，当频率从 0 到 ∞ 变化时，其相位 $\varphi(\omega)$ 均大于零，这说明正弦信号通过该环节

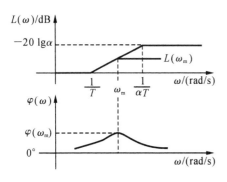

图 6.5 超前校正环节的 Bode 图

后,输出信号比输入信号具有超前的相位,这也是超前环节名称的由来。

$\varphi(\omega)$ 的极值 $\varphi(\omega_m)$ 可由 $\varphi(\omega)$ 对 ω 求导得来。

由
$$\left.\frac{d\varphi(\omega)}{d\omega}\right|_{\omega=\omega_m} = \frac{T}{1+T^2\omega_m^2} - \frac{\alpha T}{1+(\alpha T)^2\omega_m^2} = 0$$

得
$$\omega_m = \frac{1}{\sqrt{\alpha}T} \qquad (6-2)$$

因此 $\sin\varphi(\omega_m) = \dfrac{1-\alpha}{1+\alpha}, \quad \varphi(\omega_m) = \arcsin\dfrac{1-\alpha}{1+\alpha}$

(6-3)

由式(6-2)可求出

$$L(\omega_m) = 20\lg\left|\frac{1+Tj\omega_m}{1+T\alpha j\omega_m}\right| = 10\lg\frac{1}{\alpha}$$

又因为 $\lg\omega_m = \dfrac{1}{2}\left(\lg\dfrac{1}{\alpha T} + \lg\dfrac{1}{T}\right)$,所以在对数横坐标轴上,$\omega_m$ 恰好位于转折频率 $\dfrac{1}{\alpha T}$ 和 $\dfrac{1}{T}$ 的几何中心。α 取得越小,$\varphi(\omega_m)$ 越大,其相位超前作用越强。

2. 超前校正环节的应用

如图 6.6 所示的闭环系统,其开环 Bode 图如图中虚线所示,原系统的相位裕量虽是正值,但该值很小。采用超前串联校正,选择合适的校正参数,得到点画线所示的超前环节。将虚线与点画线叠加,得到校正以后的对数幅频特性和对数相频特性,即图中实线部分。

从图上可以看出,经过校正以后,系统穿越频率从 ω_{c1} 右移至 ω_{c2},这表明闭环系统带

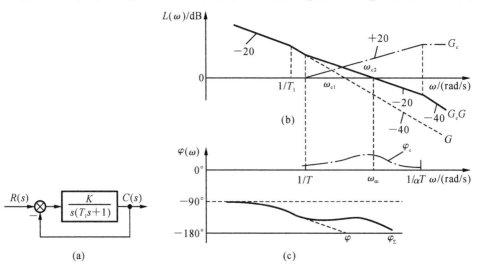

图 6.6 超前校正环节的应用

宽 ω_b 也增大了，系统响应速度加快。另外，由于超前环节的正相移作用，对数相频特性曲线上移，因此校正后系统相位裕量增大，相对稳定性增加。但是系统高频段叠加了正的分贝值，因此校正后系统高频段幅频特性明显上翘，表明系统高频段增益增加，对噪声的抑制能力降低，这也是使用超前校正的缺点。

使用频率法进行串联超前校正的一般步骤归纳如下。

(1) 根据稳态误差的要求，确定原系统的开环增益 K。

(2) 利用已确定的开环增益 K，绘出原系统的开环 Bode 图，并计算未校正系统的相位裕量 γ'。

(3) 根据系统要求的性能指标，确定需要产生的最大超前角 $\varphi(\omega_m)$，有
$$\varphi(\omega_m) = \gamma - \gamma' + (5° \sim 10°)$$
式中：γ——校正后要求达到的相位裕量。

考虑到校正后，系统新的剪切频率将比原剪切频率增大并右移，使系统相位裕量减小，这一点在图 6.6 上可明显看出。因此，在 $\varphi(\omega_m)$ 的计算公式中增加了 $5° \sim 10°$ 作为补充。根据 $\varphi(\omega_m)$，由式(6-3)可以计算出 α 的数值。

(4) 把校正装置的最大超前角频率 ω_m 确定为系统新的剪切频率，即要求原系统 Bode 图在 ω_m 处的幅值为 $-10\lg\dfrac{1}{\alpha}$，从而确定 ω_m，也就是新系统的剪切频率 ω_c。由得出的 ω_m 和 α 及式(6-2)可求出校正装置的另一个参数 T。

(5) 根据 T 和 α 计算校正装置的传递函数。

(6) 验算校正后系统的性能指标是否满足要求，如果不满足就需重选参数进行校正。

求解的流程可简单表示如下：$K \to \varphi(\omega_m) \to \alpha \to \omega_m \to T$。

例 6-1 系统开环传递函数是 $G(s) = \dfrac{K}{s(0.1s+1)(0.001s+1)}$，对该系统的要求是：系统相位裕量 $\gamma \geqslant 44°$，静态速度误差系数 $K_v = 1000$。求校正装置的传递函数。

解 (1) 由稳态指标要求，求得 $K = 1000$。

(2) 画出未校正系统的开环 Bode 图如图 6.7 中虚线所示。解得剪切频率 $\omega_c = 100$，$\varphi(\omega_c) = -180°$，所以相位裕量 $\gamma' = 0°$。系统处于临界稳定状态。

(3) 考虑加入超前校正装置，系统叠加正的相位，使相位裕量达到要求。确定需要产生的最大超前角 $\varphi(\omega_m)$，由 $\varphi(\omega_m) = \gamma - \gamma' + (5° \sim 10°)$，取相位增加的补充值是 $6°$，得 $\varphi(\omega_m) = 50°$，由 $\varphi(\omega_m) = \arcsin\dfrac{1-\alpha}{1+\alpha} = 50°$，解得 $\alpha = 0.132$。

(4) 因 $\varphi(\omega_m)$ 位于 $\omega_m = \dfrac{1}{\sqrt{\alpha}T}$ 处，所以，求得超前校正环节在 ω_m 处的幅值为 $10\lg\dfrac{1}{\alpha} = 8.8$ dB，在原 Bode 图上可以计算出幅值为 -8.8 dB 的频率为 166 rad/s，此即校正后系统新的剪切频率，$\omega_m = \omega_c = 166$ rad/s，又 $\omega_m = \dfrac{1}{\sqrt{\alpha}T}$，得 $T = 0.0166$。

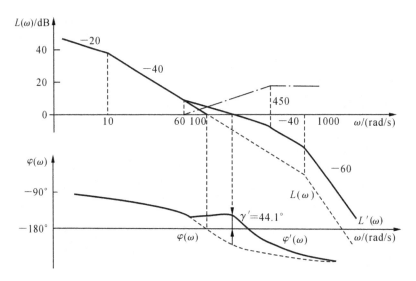

图 6.7 超前校正的开环 Bode 图

(5) 校正环节的传递函数为

$$G_c(s) = \frac{1+Ts}{1+\alpha Ts} = \frac{1+0.0166s}{1+0.0022s}$$

校正后系统的传递函数为

$$G(s) = \frac{1000(1+0.0166s)}{s(1+0.0022s)(1+0.1s)(1+0.001s)}$$

(6) 校正后开环系统的 Bode 图如图 6.7 中实线所示，其相位裕量为

$$\gamma = 180° + \arctan 0.0166\omega_c - 90° - \arctan 0.0022\omega_c - \arctan 0.1\omega_c - \arctan 0.001\omega_c = 44.1°$$

故满足要求。

从例 6-1 可见，利用超前环节进行校正，不是利用其通高频、阻低频的特性，而是利用它相位超前的特性，在某一频率范围内使其相频特性曲线上翘，增大相位裕量，提高相对稳定性。采用超前校正后，系统的剪切频率右移，闭环系统带宽增加，但也减弱了对噪声的抑制作用。超前校正多用于对系统快速性要求较高的场合，如流量控制、随动系统等。

6.2.2 滞后校正

1. 滞后校正环节的特点

图 6.8 是滞后校正环节的电气原理图，它实质上也是一个无源 RC 网络，此环节的传递函数为

$$G_c(s) = \frac{R_2 + \dfrac{1}{Cs}}{R_1 + R_2 + \dfrac{1}{Cs}} = \frac{Ts+1}{\beta Ts+1}$$

式中：$\beta = \dfrac{R_1 + R_2}{R_2} > 1$，$T = R_2 C$。

它的 Bode 图如图 6.9 所示。在幅频特性上，低频段增益不变，而高频段增益下降，因此滞后环节具有通低频、阻高频的特点。环节的相频特性 $\varphi(\omega) = \arctan T\omega - \arctan \beta T\omega$，因 $\beta > 1$，所以 $\varphi(\omega) < 0$，也就是输出信号的相位滞后于输入信号的相位，这也是滞后环节名称的由来。

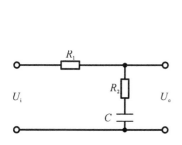

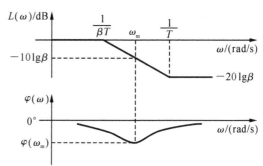

图 6.8　滞后校正环节电气原理图　　　图 6.9　滞后环节的 Bode 图

令最大滞后角度处的频率为 ω_m，则 $\varphi(\omega_m)$ 可由 $\varphi(\omega)$ 对 ω 求导得来：

$$\dfrac{\mathrm{d}\varphi(\omega)}{\mathrm{d}\omega}\bigg|_{\omega=\omega_m} = \dfrac{T}{1+T^2\omega^2} - \dfrac{\beta T}{1+(\beta T)^2\omega^2} = 0$$

解得

$$\omega_m = \dfrac{1}{\sqrt{\beta}T}$$

因此

$$\sin\varphi(\omega_m) = \dfrac{\beta-1}{\beta+1}, \quad \varphi(\omega_m) = \arcsin\dfrac{\beta-1}{\beta+1}$$

根据对数坐标的关系，容易求得 ω_m 位于转折频率 $\dfrac{1}{\beta T}$ 和 $\dfrac{1}{T}$ 之间。Bode 图上，ω_m 处的幅值为

$$L(\omega_m) = 20\lg\left|\dfrac{1+T\mathrm{j}\omega_m}{1+T\beta\mathrm{j}\omega_m}\right| = 10\lg\dfrac{1}{\beta}$$

利用滞后环节进行校正，不是利用其相位滞后的性质，而是主要利用其高频幅值衰减性能。在图 6.9 中，$1/T$ 之后的幅值都衰减了 $20\lg\beta$，而 $1/\beta T$ 之前幅值保持不变，因此，如果保持高频段增益不变，就相当于低频段增益增大，而低频段增益越大，稳态误差就越小。另外，滞后校正可使已校正系统的剪切频率下降，从而可能使系统获得足够的相位裕量，增大系统的相对稳定性。

2. 滞后校正环节的应用

如图 6.10 所示系统，原系统开环 Bode 图如虚线所示，滞后校正环节的 Bode 图如点画线所示。很显然，原系统的相位裕量和幅值裕量均为负值，因此系统不稳定。采用滞后校正，一般要使滞后环节的转折频率 $1/T$ 远离原剪切频率 ω_c，这一方面减小了相位滞后对相位裕量 γ 值的影响，另一方面，由于校正环节低频段幅频特性是 0 dB，因此对原系统

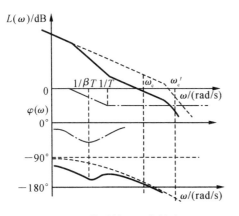

图 6.10 滞后校正环节的应用

低频段幅频特性影响很小,校正后系统的稳态精度不受影响。校正后的系统开环 Bode 图如实线所示,系统的剪切频率左移,幅值裕量和相位裕量均变为正值,系统稳定性增强。但是,采用滞后校正后,系统的 ω_c 减小,闭环系统带宽减小,系统响应速度减慢,不过高频抗干扰能力增强。

利用滞后校正装置在频域内进行校正的具体步骤如下。

(1) 根据稳态误差的要求,确定原系统的开环增益 K。

(2) 利用已确定的开环增益 K,绘出原系统 Bode 图并计算未校正系统的相位裕量 γ' 和剪切频率 ω_c',看其是否满足要求。

(3) 在原 Bode 图上选择 ω_c 作为新的剪切频率,使其对应的相位裕量为 γ_2,且
$$\gamma_2 = \gamma + (6° \sim 14°)$$
式中:γ——校正后系统要求的相位裕量。考虑到校正后,串联滞后校正装置将产生相位滞后,γ_2 比要求的相位裕度增加了 $6°\sim14°$。

(4) 计算出原系统在 ω_c 处的对数幅频特性幅值 $L(\omega_c)$,为使校正后系统的剪切频率为 ω_c,确定滞后校正装置高频衰减的数值,即 $-20\lg\beta + L(\omega_c) = 0$,由此求得 β。

(5) 为减小滞后校正装置相位滞后特性对系统相位裕量的影响,滞后校正装置的剪切频率应远离 ω_c,可取 $\dfrac{1}{T}=(0.1-0.25)\omega_c$,由此可确定 T。

(6) 根据 T 和 β 计算校正装置的传递函数。

(7) 验算校正后系统的性能指标,如果不满足,可重新计算。

求解的流程可简单表示如下:$K \rightarrow \gamma_2 \rightarrow \omega_c \rightarrow \beta \rightarrow T$。

例 6-2 设控制系统如图 6.11 所示,若要求校正后系统的静态速度误差系数等于 30,相位裕量不小于 $40°$,幅值裕量不小于 10 dB,剪切频率不小于 2.3 rad/s,试设计串联校正装置。

解 根据稳态误差的要求,确定 $K=30$。作出未校正系统的开环 Bode 图,如图 6.12 虚线所示。可以求出

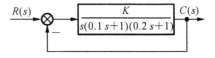

图 6.11 系统的控制框图

$$\omega_c' = 12, \quad \gamma' = -27.6°$$

根据 $\gamma_2 = \gamma + (6°\sim14°)$,取 $\gamma_2 = 46°$

在 Bode 图上求出相位为 $46°$ 时对应的频率 $\omega_c = 2.7$(满足剪切频率不小于 2.3 的要求),以此作为校正后系统新的剪切频率,并求得
$$L(\omega_c) = 21 \text{ dB}$$

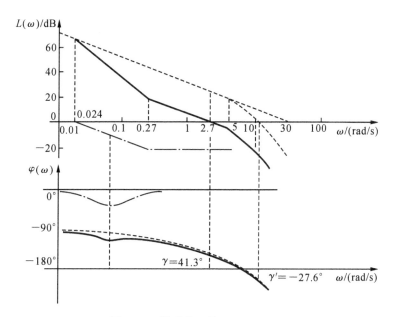

图 6.12 滞后校正的开环 Bode 图

由 $-20\lg\beta + L(\omega_c) = 0$，得 $\beta = 11.22$

取 $\frac{1}{T} = 0.1\omega_c$，$T = 3.7$ s。串联滞后校正装置的传递函数为

$$G_c(s) = \frac{1+Ts}{1+\beta Ts} = \frac{1+3.7s}{1+41.5s}$$

在图 6.12 中绘制了校正装置及校正后系统的开环传递函数的对数幅频特性曲线。校正后系统的性能指标为 $\omega_c = 2.7$ rad/s，$\gamma = 41.3°$，$\omega_g = 6.8$ rad/s，$20\lg K_g = 10.5$ dB，满足要求。

采用滞后校正后，开环系统的剪切频率左移，系统调节时间加长，稳定性增加，多用于对快速性要求不高，但对稳态精度要求较高的场合，如恒温控制。

6.2.3 滞后-超前校正

采用超前校正可以增强系统的快速性和相对稳定性，但对稳态精度改善不大；采用滞后校正可以增大系统的稳态精度和相对稳定性，但有损于快速性。如果采用滞后-超前校正，就可能既会提高系统的快速性，又改善系统的稳态精度。

滞后-超前校正环节的电气原理图如图 6.13 所示。

其传递函数为

$$G_c(s) = \frac{(1+R_1C_1s)(1+R_2C_2s)}{(1+R_1C_1s)(1+R_2C_2s)+R_1C_2s}$$

分母多项式化为

$$R_1C_1R_2C_2s^2 + (R_1C_1 + R_2C_2 + R_1C_2)s + 1 = (T_1s+1)(T_2s+1)$$

令 $\tau_1 = R_1C_1$，$\tau_2 = R_2C_2$，且 $\tau_1 > \tau_2$，则

$$T_1 T_2 = \tau_1 \tau_2, \quad T_1 + T_2 = R_1 C_1 + R_2 C_2 + R_1 C_2$$

令 $T_1 > \tau_1 > \tau_2 > T_2$,则

$$G_c(s) = \frac{(1+\tau_1 s)}{(1+T_1 s)} \frac{(1+\tau_2 s)}{(1+T_2 s)}$$

可见滞后-超前环节是由滞后环节 $G_{c1}(s) = \frac{(1+\tau_1 s)}{(1+T_1 s)}$ 和超前环节 $G_{c2}(s) = \frac{(1+\tau_2 s)}{(1+T_2 s)}$ 串联而成的,滞后-超前环节的 Bode 图如图 6.14 所示,滞后-超前校正的作用如图 6.15 所示。

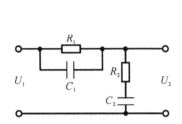

图 6.13 滞后-超前校正环节电气原理图　　图 6.14 滞后-超前环节的 Bode 图

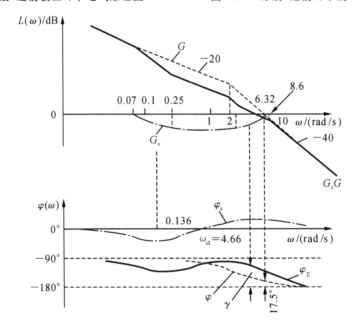

图 6.15 滞后-超前校正的作用

图 6.15 中,虚线代表原系统,点画线表示滞后-超前环节,实线表示校正后的系统。由图分析可见,原系统相位裕量 γ 较小。采用滞后-超前校正后,由于超前环节的正相移作用,相位裕量增加。剪切频率 ω_c 左移,但比起纯粹的滞后校正,ω_c 减小的幅度不大。由于滞后环节的高频幅值衰减性能,系统高频段增益不变,比纯粹的超前校正有更好的抗高频干扰的能力。但与滞后校正一样,为了减小滞后环节负相移对系统相对稳定性的影

响,使用滞后-超前校正时,一般取 $1/\tau_1=(0.1\sim0.2)/\tau_2$。

以上介绍的几种串联校正装置都属于无源校正装置,这种简单的 RC 网络常会使信号产生衰减,并且在前、后级串联环节间产生负载效应,这样会大大削弱校正的效果。由运算放大器构成的有源校正装置,可以对信号产生放大作用,且其输入阻抗很大,而输出阻抗很小,环节之间串联时,其负载效应可以忽略。因此实际中,多采用有源校正装置。

需要指出的是:要改善某一系统的性能,其校正方式并不是唯一的,即使是采用相同的校正方式,也会因为参数选择不同而使校正装置的参数不同。

6.3 反馈校正

反馈校正是常用的又一校正方案,一般放在主反馈回路内部,构成系统的内环,如图 6.16 所示。反馈校正除了可以获得串联校正的效果外,还能消除反馈校正回路所包围系统不可变部分的参数波动对系统性能的影响。

按照反馈回路对反馈量的处理,反馈校正可分为位置反馈、速度反馈、加速度反馈,其系统框图如图 6.16 所示。

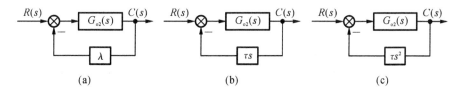

图 6.16 反馈校正系统框图

位置反馈的反馈通道是比例环节,它在系统的动态和稳态过程中都起反馈校正作用;速度反馈的反馈通道是纯微分环节,它只在系统的动态过程中起反馈校正作用,而在稳态时,反馈校正支路如同断路,不起作用。有时为了进一步提高校正效果,还将位置与速度反馈结合,构成一阶微分负反馈。

设固有部分的传递函数为 $G_{o2}(s)$,反馈校正环节的传递函数为 $G_c(s)$,则校正后系统被包围部分的传递函数为

$$\frac{C(s)}{R(s)}=\frac{G_{o2}(s)}{1+G_c(s)G_{o2}(s)} \tag{6-4}$$

系统采用反馈校正后,具有以下作用。

(1) 改变系统被包围环节的结构和参数,使系统的性能达到设计要求。

① 比例环节的反馈校正。

如果系统固有部分的传递函数是 $G_{o2}(s)=K$,由于比例系数过大,系统的稳定性会受到较大影响。

当采用位置反馈校正时,假设 $G_c(s)=\lambda$,则校正后的传递函数为 $G(s)=\dfrac{K}{1+\lambda K}$,增益

降低为原来的 $\frac{K}{1+\lambda K}$。因此,对于那些因为增益过大而影响系统性能的环节,采用位置反馈是一种有效的方法。

② 惯性环节的反馈校正。

如果系统固有部分的传递函数是 $G_{o2}(s)=\frac{K}{Ts+1}$,采用 $G_c(s)=\lambda$ 的位置反馈时,校正后的传递函数为

$$G(s) = \frac{K}{Ts+1+\lambda K} = \frac{K/(1+\lambda K)}{\frac{T}{1+\lambda K}s+1}$$

惯性环节的时间常数和增益均降为原来的 $1/(1+\lambda K)$,提高了原系统的稳定性和快速性。

③ 二阶振荡环节的反馈校正。

设系统固有部分是一个二阶振荡环节,其传递函数为

$$G_{o2}(s) = \frac{\omega_n^2}{s^2+2\xi\omega_n s+\omega_n^2}$$

当它的阻尼比 ξ 较小时,系统超调量较大,可能不满足设计要求。

对该系统采用速度反馈校正,令反馈环节 $G_c(s)=\tau s$,则校正后的系统传递函数为

$$G_{o2}(s) = \frac{\omega_n^2}{s^2+2\omega_n(\xi+0.5\omega_n\tau)s+\omega_n^2}$$

可见校正后系统的阻尼比增大,系统超调量减小,而表征系统快速性的无阻尼固有频率 ω_n 却保持不变。

(2) 消除系统固有部分中不希望有的特性,削弱被包围环节对系统性能的不利影响。

由式(6-4)可知,当 $G_{o2}(s)G_c(s)\gg 1$ 时,$\frac{C(s)}{R(s)}\approx\frac{1}{G_c(s)}$,所以被包围环节的特性主要被校正环节代替,但此时对反馈校正环节参数的稳定性和精确性要求较高。

(3) 降低干扰对系统输出的影响。

当系统存在外界干扰 $N(s)$ 时,在输出端就会引起误差。如果给系统增加反馈回路,且反馈回路恰好包围了干扰 $N(s)$,那么干扰引起的误差就会大大减小。

图 6.17(a)中干扰引起的误差为

$$C_{N1}(s)=G_{o2}(s)N(s)$$

图 6.17(b)中干扰引起的误差为

$$C_{N2}(s)=\frac{G_{o2}(s)}{1+G_{o1}(s)G_{o2}(s)H(s)}N(s)$$

比较两个干扰误差可以发现有 $C_{N2}(s)<C_{N1}(s)$,所以采用反馈校正能够提高系统抗干扰的能力。

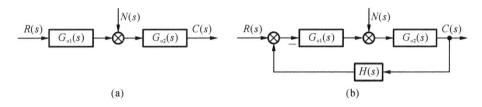

图 6.17 反馈校正降低干扰引起的误差

(4) 降低系统模型参数的变化对系统性能的影响。

当系统不可变部分模型的参数发生变化时,就会影响到系统的输出。但如果参数变化部分被反馈环节包围,就会大大降低输出对参数变化的敏感性。

图 6.18(a)中系统输出 $C(s)=R(s)G(s)$,当 $G(s)$ 发生变化 $\Delta G(s)$ 时,输出变化 $\Delta C(s)=R(s)\Delta G(s)$。

图 6.18(b)中,
$$C(s)=\frac{G(s)}{1+G(s)H(s)}R(s)$$

当系统模型发生变化时,
$$C(s)+\Delta C(s)=\frac{G(s)+\Delta G(s)}{1+[G(s)+\Delta G(s)]H(s)}R(s)$$

因 $\Delta G(s)\ll G(s)$,所以
$$C(s)+\Delta C(s)\approx\frac{G(s)+\Delta G(s)}{1+H(s)G(s)}R(s)$$

故
$$\Delta C(s)=\frac{\Delta G(s)}{1+H(s)G(s)}R(s)$$

可见,图 6.18(b)输出的变化要远小于图 6.18(a)中的变化。

(5) 正反馈可以增大系统的放大倍数。

以上所讨论的反馈校正,如果不特别说明,均为负反馈。实际上有时利用正反馈也可以达到校正的目的。

图 6.19 中,K_1、K_2 均为常数,在加入正反馈之前,$C(s)=K_1R(s)$。

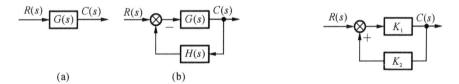

图 6.18 反馈校正降低对参数变化的敏感　　图 6.19 正反馈系统

使用正反馈校正后,$C(s)=\frac{K_1}{1-K_1K_2}R(s)$,如果使 K_1K_2 之积接近于 1 却小于 1,则校正后系统的放大倍数要远远大于校正前。因此,正反馈校正的系统可以用一个较小的输入得到一个较大的输出,加速系统的响应过程。

图 6.20 为直流电动机调速系统框图,控制电枢的给定电压可以控制电动机的转速,

但负载转矩的波动会影响电动机实际的转速,使实际转速偏离给定的转速,这时可以采用电流正反馈。

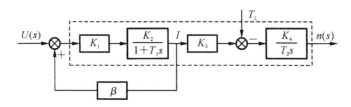

图 6.20 带有电流正反馈的直流电动机调速系统框图

图中:$U(s)$是电枢给定电压,T_L是负载转矩,输出 $n(s)$是电动机转速,虚线框内是直流电动机模型(忽略了感生电动势)。当电枢给定电压不变而负载转矩增大时,电动机转速降低。由 $T_L = K_3 I$ 知,此时电枢电流 I 增大。而电流正反馈能够补偿这种转速降落,使电枢给定电压自动增大,电动机转速回升,电枢电流减小。

正反馈在使用中也有不少局限性,例如,正反馈在某些情况下会引起控制器或执行元件的饱和,还会导致系统不稳定。因此,在使用中应多采用非线性环节如限幅等,并且正反馈一般应用在多环系统的内环中。

6.4 PID 校正

PID 校正装置也称 PID 调节器,在工业现场获得了广泛的应用。这主要是因为其结构简单、需要调整的参数较少,并且控制效果对系统参数的变化不敏感。

PID 校正实际上是由 P(比例控制),I(积分控制),D(微分控制)三种环节组合而成。PID 调节器一般放在负反馈系统中的前向通道,与被控对象串联,实际上它也是一种串联校正装置,只是 6.3 小节是从相位关系的角度把串联校正划分为滞后与超前校正,而本节是从校正装置输入与输出的数学关系上把串联校正划分为比例校正(P)、积分校正(I)、微分校正(D)、比例积分校正(PI)、比例微分校正(PD)和比例积分微分校正(PID)。本节着重讨论后三种。

6.4.1 PI 校正

1. PI 校正的传递函数及频域特性

PI 校正的时域表达式为

$$c(t) = K_p \left[e(t) + \frac{1}{T_i} \int_0^t e(t) \mathrm{d}t \right]$$

传递函数框图如图 6.21 所示。

图中:$r(t)$为输入信号;$b(t)$为反馈信号;$e(t)$为偏差信号;$c(t)$为调节器输出信号;K_p为比例放大倍数;T_i为积分时间常数。

先从频域分析 PI 校正装置的作用。

校正装置的传递函数为 $G_c(s)=K_p\left(1+\dfrac{1}{T_i s}\right)$，它由比例环节 K_p 和积分环节 $\dfrac{K_p}{T_i s}$ 并联而成。

为了分析简单起见，令 $K_p=1$，画出其 Bode 图如图 6.22 所示。

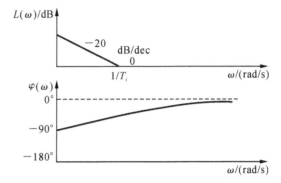

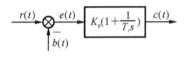

图 6.21　PI 调节器传递函数框图　　图 6.22　PI 校正环节的 Bode 图

很明显，PI 校正属于滞后校正，它的作用体现在以下几方面。

(1) 与原系统串联后使系统增加了一个积分环节，提高了系统型次。

(2) 低频段的增益增大，而高频段增益可保持不变，这就使闭环系统稳态精度提高，而抑制高频干扰的能力却没有减弱。

(3) PI 校正具有相位滞后的性质，会使系统的响应速度下降，相位裕量有所减少。因此，使用 PI 校正时，系统要有足够的稳定裕量。

2. PI 校正的时域分析

从时域的角度来看，PI 校正装置的输出是比例校正和积分校正输出之和。

比例校正的输出与偏差成正比，只要有偏差存在，装置就会输出控制量。当偏差为零时，比例校正的输出也为零。如果只采用比例校正，则必须存在偏差才能使校正装置有输出量，偏差是比例校正起作用的前提条件。可见，比例校正是一种有差校正。由稳态误差的知识可知，较大的比例系数会减小系统稳态误差，但太大就会使系统超调量加大，甚至导致系统不稳定。而积分校正是一种无差校正，关键在于积分环节具有记忆功能。

以图 6.23 为例，假定 $e(t)$ 在 $0\sim t_1$ 区间是阶跃信号，且积分校正装置初始输出为零，则当 $e(t)>0$ 时，积分环节开始对 $e(t)$ 积分，校正装置的输出 $c(t)$ 呈线性增长，并对系统输出进行调节。当 $e(t)=0$ 时，校正装置输出并不为零，而是某一恒定值。也就是说，积分校正装置输出量实际上是对以往时间段内偏差的累积，此即为其记忆功能。如果 $e(t)\neq 0$，校正装置输出

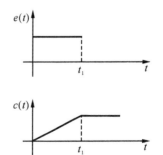

图 6.23　积分校正的阶跃响应

就一直增大或减小,只有当 $e(t)=0$ 时,积分校正装置的输出 $c(t)$ 才不发生变化。因此,积分校正是一种无差校正。另外,由于积分校正装置含有一个积分环节,所以能使开环系统型次和稳态精度提高。

在系统出现扰动,使输出量偏离设定值较大时,$e(t)$ 也较大,此时希望调节器输出量快速增大,从而减小偏差。但实际上,积分校正的输出与偏差存在时间有关,在偏差刚出现时,其调节作用很弱,因此单纯使用积分校正会延长系统的调节时间,加剧被控量的波动。在实际中,一般将积分校正和比例校正组合成 PI 校正使用。

PI 校正装置的阶跃偏差响应如图 6.24 所示。系统出现阶跃偏差时,首先有一个比例作用的输出量,随后在同一方向上,在比例作用的基础上,$c(t)$ 不断增加,这便是积分作用。这样就既克服了单纯比例调节存在的偏差,又克服了积分作用调节慢的缺点,即静态和动态特性都得到了改善。

PI 校正的电气网络如图 6.25 所示,它是由运算放大器构成的有源校正装置。同无源校正装置相比,有源校正具有放大功能,并且前后级之间几乎无负载效应。

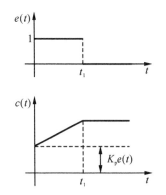

图 6.24 PI 校正的阶跃偏差响应

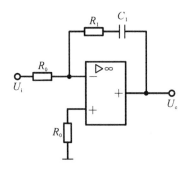

图 6.25 有源 PI 校正装置

图 6.26 单位反馈系统框图

例 6-3 单位反馈系统如图 6.26 所示,$G_o(s) = \dfrac{1}{(s+1)(s+2)(s+5)}$,此系统是一个 0 型系统,对单位阶跃输入 $R(s)$ 存在稳态误差,现采用 PI 校正装置 $G_c(s) = K_p\left(1 + \dfrac{1}{T_i s}\right)$ 对系统进行校正。

解 图 6.27 是采用不同的校正参数所得的单位阶跃响应曲线。由图可知,采用 PI 校正后,系统由 0 型变为 1 型,改善了稳态性能,使其对单位阶跃响应的稳态误差变为零。当校正装置的比例系数均是 $K_p=2$ 时,积分时间常数 T_i 越大,积分作用越弱,调节时间越长;而 T_i 越小,积分作用越强,调节时间越短,但过小的 T_i 会使系统振荡加剧,使系统趋于不稳定。因此,要合理选择 PI 校正装置的参数才能达到理想的校正效果,这也是校正装置设计的主要内容。

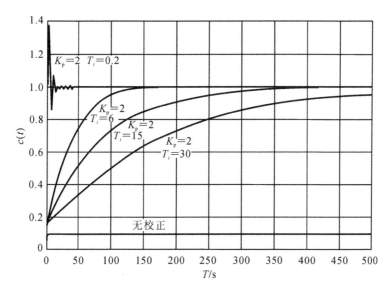

图 6.27　不同校正参数下的单位阶跃响应曲线

6.4.2　PD 校正

1. PD 校正的传递函数及频域特性

PD 校正的框图如图 6.28 所示,其传递函数为

$$G_c(s) = K_p(1+\tau s)$$

式中:τ——微分时间常数；

　　　K_p——比例放大倍数。

输出时域表达式为　　　$c(t) = K_p e(t) + K_p \tau \dfrac{de(t)}{dt}$

所以 PD 校正可视为一个比例环节和一个微分环节的并联。

为研究方便,令 $K_p=1$,则 $G_c(s)=1+\tau s$,此校正环节实际上是一个一阶微分环节。其 Bode 图如图 6.29 所示。

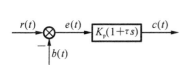

图 6.28　PD 调节器传递函数框图

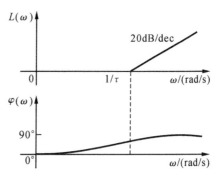

图 6.29　PD 校正环节的 Bode 图

从对数相频特性上看,PD 校正具有正相移,因此它属于超前校正。PD 校正的作用主要体现在以下两方面。

(1) 如果参数选取合适,利用 PD 校正可以增大系统的相位裕量,提高稳定性,而稳定性的提高又允许系统采用更大的开环增益来减小稳态误差。

(2) 当相位大于 $1/\tau$ 时,对数幅频特性幅度增大,这可以使剪切频率 ω_c 增加,系统的快速性提高。但是,高频段增益升高,系统抗干扰能力减弱。

2. PD 校正的时域分析

微分校正环节的数学表达式为

$$c(t) = \tau \frac{\mathrm{d}e(t)}{\mathrm{d}t}$$

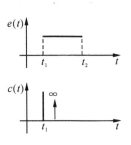

图 6.30 微分校正环节的阶跃响应

假定系统从 t_1 时刻起存在阶跃偏差 $e(t)$,则校正装置在 t_1 时刻输出一个理论上无穷大的控制量 $c(t)$,如图 6.30 所示。但实际由于元器件的饱和作用,输出只是一个比较大的数值,而不是无穷大。

微分校正的输出实际上反映了偏差变化的速度,当偏差刚出现且较小时,微分作用就产生一个比较大的控制输出来抑制偏差的变化。即无须等到偏差很大,仅需偏差具有变大的趋势时就可参与调节。因此微分校正具有超前预测的作用,可以加快调节速度,改善动态特性。但是微分校正环节只对动态偏差起作用,而对静态偏差,因其输出为零,就失去了调节功能。所以微分校正一般不单独使用,通常与比例环节或比例积分环节组合成 PD 或 PID 校正装置。

此外,从图 6.30 可以看出,由于微分环节对高频干扰信号具有很强的放大作用,其抑制高频干扰的能力很差。在使用包含微分环节的校正如 PD、PID 的时候,要特别注意这一点。

上述 PD 校正环节对阶跃偏差的控制作用如图 6.31 所示。偏差刚出现时,在微分环节作用下,PD 校正装置输出较大的尖峰脉冲,力图将偏差消除在"萌芽"中。同时,在同方向上出现比例环节产生的恒定控制量。最后,尖峰脉冲呈指数衰减到零,微分作用完全消失,成为比例校正。

一种由运算放大器构成的有源 PD 校正电路如图 6.32 所示。

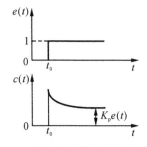

图 6.31 PD 校正的阶跃偏差响应

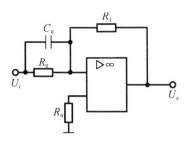

图 6.32 有源 PD 校正装置

例 6-4 单位反馈系统如图 6.33 所示，$G_o(s)=\dfrac{815625}{s(s+361.2)}$，此系统对单位阶跃输入 $R(s)$ 的最大超调量为 52.7%，现在系统前向通道放置 PD 校正装置 $G_c(s)=K_p(1+\tau s)$ 对系统进行校正，试分析校正后的系统特性。

解 图 6.33 是采用不同的校正参数所得的单位阶跃响应曲线。

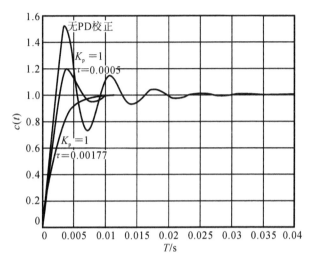

图 6.33 不同 τ 时系统的单位阶跃响应曲线

由图可见，采用适当的 PD 校正参数后，改善了系统的阻尼，降低了最大超调量，缩短了调节时间。在一定的范围内，τ 越大，微分作用越强，最大超调量越小，调整时间 t_s 越小，快速性越好。

6.4.3 PID 校正

1. PID 校正的传递函数及频域特性

PI、PD 校正均有各自的优点和缺点，将它们结合起来取长补短，就构成了更加完善的 PID 校正。有源 PID 校正装置的电气网络如图 6.34 所示。

其传递函数为

$$G_c(s) = K_p\left(1 + \dfrac{1}{T_i s} + \tau s\right)$$

也可写为

$$G_c(s) = K\dfrac{(1+T_i s)(1+\tau s)}{s}$$

传递函数框图如图 6.35 所示。

PID 校正为系统提供了两个具有负实部的零点，增

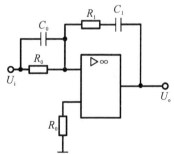

图 6.34 有源 PID 校正装置

大了校正的灵活性，改善了系统的动态性能。当 $T_i > \tau$ 时，其 Bode 图如图 6.36 所示。

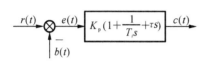
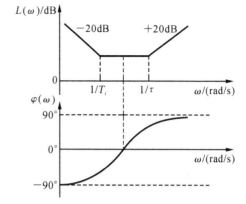

图 6.35　PID 校正环节的传递函数框图　　图 6.36　PID 校正环节的 Bode 图

当 $\omega<1/T_i$ 时，对数幅频特性斜率是 -20 dB，具有负相移，这是积分作用；当 $\omega>1/\tau$ 时，斜率是 $+20$ dB，具有正相移，这是微分作用。因此，PID 校正实质上也就是滞后-超前校正。使用 PID 校正时，一般将 $\omega<1/T_i$ 段放在低频段，以增大系统的稳态精度；当将 $\omega>1/\tau$ 段放在中频段时，可以增大剪切频率，提高快速性。

2. PID 校正的时域分析

PID 校正的数学表达式为

$$c(t) = K_p\left[e(t) + \frac{1}{T_i}\int_0^t e(t)dt + \tau\frac{de(t)}{dt}\right]$$

以系统出现阶跃偏差为例，PID 校正装置的输出如图 6.37 所示。

当系统出现偏差时，比例和微分作用立即输出控制量以消除偏差，控制量的大小与比例和微分常数有关，这体现了系统的快速性。随后，积分作用输出也慢慢增大，对偏差进行累积。经过很短时间后，微分作用消失，校正装置变为 PI 校正，输出量是比例和积分作用的叠加。只要偏差存在，此输出就会不断增大，直到偏差为零为止。

图 6.37　PID 校正装置的输出

例 6-5　单位反馈系统，前向通道 $G_o(s) = \dfrac{2.718 \times 10^9}{s(s+400.26)(s+3008)}$，当采用 PI、PD、PID 三种校正方式时，输入单位阶跃信号，用 MATLAB 绘制的其阶跃响应曲线如图 6.38 所示。求这三种校正方式的表达式。

解　三种校正方式的表达式分别为

PI：$\qquad G_c(s) = 0.075\left(1.2 + \dfrac{1}{s}\right)$

PD：$\qquad G_c(s) = 1 + 0.001s$

PID：$\qquad G_c(s) = 0.3\left(1 + 0.0014s + \dfrac{1}{10s}\right)$

PID 校正装置的设计主要就是选择适当的 K_p、τ、T_i，只要参数合适，它就兼具 PI、PD 校正的优点。

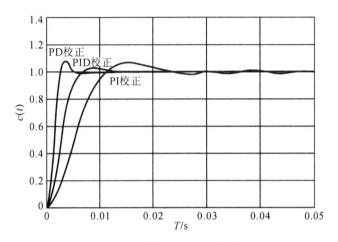

图 6.38 不同校正方式下系统的阶跃

PI、PD、PID 校正分别可以看做是滞后、超前、滞后-超前校正的特殊情况。校正装置的设计方法和 6.2 小节相同，均采用基于频率法的串联校正设计方法。在校正过程中，系统同一性能指标可能会受两个参数的共同影响，并且几组不同的 PID 参数可以达到相同的控制效果。因此，满足要求的 PID 参数不是唯一的，需要反复实验。工程上的整定方法主要有响应曲线法和临界比例尺法。

习　题

6-1　控制系统的性能指标主要有哪些？它们之间有什么关系？

6-2　什么是串联校正和反馈校正？它们各自有什么特点？

6-3　设有一单位反馈系统的开环传递函数是

$$G(s) = \frac{K}{s(0.2s+1)(s+1)}$$

(1) 若要求满足静态速度误差系数 $K_v=8$，相位裕量为 $\gamma \geqslant 40°$，试设计一个串联滞后校正装置。

(2) 比较校正前后系统的开环剪切频率 ω_c 和 ω_c'，并说明校正装置的主要作用。

6-4　如题 6-4 图所示的控制系统：

(1) 当没有速度反馈回路 bs 时，试求出单位阶跃输入下系统的阻尼比 ξ，自然振荡频率 ω_n，最大超调量 M_p 及单位斜坡输入的稳态误差 e_{ss}。

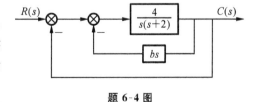

题 6-4 图

(2) 要求系统的阻尼比 $\xi=0.8$ 时，速度反馈系数 b 应为多少？求此条件下的最大超调量 M_p 及单位斜坡输入的稳态误差 e_{ss}。

6-5 设有一单位反馈系统的开环传递函数是
$$G(s) = \frac{100K}{s(0.04s+1)}$$

若要求系统对单位斜坡输入信号的稳态误差 $e_{ss} \leqslant 1\%$,相位裕量为 $\gamma \geqslant 45°$,试确定系统的串联超前校正网络。

6-6 设开环传递函数
$$G(s) = \frac{K}{s(s+1)(0.01s+1)}$$

单位斜坡输入 $R(t)=t$,输入产生稳态误差 $e_{ss} \leqslant 0.0625$。若使校正后的相位裕量不低于 $45°$,幅值穿越频率 $\omega_c > 2$ rad/s,试设计校正系统。

6-7 设题 6-7 图所示系统的开环传递函数为 $G(s) = \frac{K_1}{(T_1 s+1)(T_2 s+1)}$,其中:$T_1 = 0.33, T_2 = 0.036, K_1 = 3.2$。采用 PI 调节器($K_c = 1.3, T_c = 0.33$ s),对系统作串联校正。试比较系统校正前后的性能。

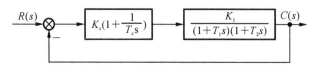

题 6-7 图

6-8 如题 6-8 图所示,其中 ABC 是未加校正环节前系统的 Bode 图,$GHKL$ 是加入某种串联校正环节后的 Bode 图。试说明所采用的是哪种串联校正方法,写出校正环节的传递函数并说明它对系统性能的影响。

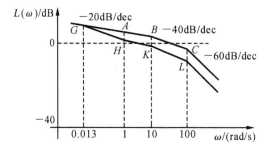

题 6-8 图

第7章 非线性控制系统

前面几章讨论的均为线性系统的分析和设计方法,或者有些虽然是非线性系统,但是如果是可线性化的系统仍可使用线性系统的线性描述。然而,一个实际的控制系统不同程度地存在非线性的特性。对于非线性程度轻微,且仅仅在工作点附近小范围内工作的系统,可应用小偏差线性化的方法将非线性特性线性化,线性化后用线性系统理论进行分析研究。对于非线性程度比较严重的系统,不满足小偏差线性化的条件,则只有用非线性系统理论进行分析。本章主要讨论本质非线性系统,研究其基本特性和一般分析方法。

7.1 控制系统的典型非线性特征

凡是输出与输入的特性不满足线性关系的元件,称为非线性元件,或者说该元件非线性。非线性的形式和种类繁多,在构成控制系统的环节中,有一个或一个以上的环节具有非线性特性时,这种控制系统就属于非线性控制系统。

如图 7.1 所示,伺服电动机控制特性就是一种非线性特性,图中横坐标 u 为电动机的控制电压,纵坐标 ω 为电动机的输出转速,如果伺服电动机工作在 A_1OA_2 区段,则伺服电动机的控制电压与输出转速的关系近似为线性的,因此可以把伺服电动机作为线性元件来处理。但如果电动机的工作区间在 B_1OB_2 区段,那么就不能把伺服电动机再作为线性元件来处理,因为其静特性具有明显的非线性。

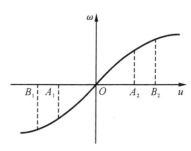

图 7.1 伺服电动机特性

7.1.1 典型非线性系统特性

实际控制系统中存在的非线性特性有多种形式,常见的典型非线性特性有饱和非线性、死区非线性、具有死区的饱和非线性、继电非线性、间隙非线性等。

1. 饱和非线性

当输入信号超出某一范围时,其输出不再跟随输入变化,而是保持为一个常值。这种特性称为饱和非线性特性,如图 7.2 所示。其中 $-a<x<a$ 的区域是线性范围,线性范围以外的区域是饱和区。

饱和非线性是一种常见的非线性,在铁磁元件及各种放大器中都存在,如稳压二极管限幅特性、磁饱和特性等。实际放大器、许多元件的运动范围由于受到能源、功率等条件

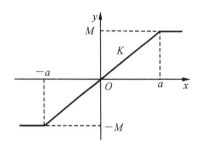
图 7.2 饱和非线性

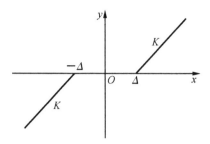
图 7.3 死区非线性特性

的限制,通常具有饱和非线性特性。有时,工程上还人为地引入饱和非线性特性以限制过载。

2. 死区非线性

死区又称为不灵敏区,其非线性特性如图 7.3 所示。死区非线性特性是输入信号在 $-\Delta < x < \Delta$ 区间时,输出信号为零,超出此区间时呈线性特性。这种只有在输入量超过一定值后才有输出的特性称为不灵敏区非线性,其中区域 $-\Delta < x < \Delta$ 称为死区或不灵敏区。

一般的测量元件、执行机构都存在不灵敏区。例如,某些检测元件对于小于某值的输入量不敏感;某些执行机构接收到的输入信号比较小时不会动作,只有在输入信号大到一定程度以后才会有输出。例如,二极管伏安特性、执行机构的静摩擦和换向阀阀口正重叠等均为死区特性。死区特性会给系统带来稳态误差和低速运动不稳定影响。但死区特性会减弱振荡、过滤输入端小幅度干扰,提高系统抗干扰能力。

3. 具有死区的饱和非线性特性

在很多情况下,系统同时存在死区特性和饱和限幅特性,如电枢电压控制的直流电动机就具有这种特性。具有不灵敏区的饱和非线性特性如图 7.4 所示。

4. 继电非线性

实际继电器的特性如图 7.5 所示,其输入和输出之间的关系不完全是单值的。由于继电器吸合及释放状态下磁路的磁阻不同,吸合与释放电流是不相同的。因此,继电器的特性有一个滞环。这种特性称为具有滞环的三位置继电特性。当 $m = -1$ 时,可得到纯

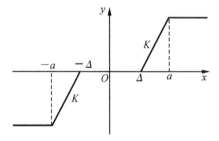
图 7.4 具有死区的饱和非线性特性　　图 7.5 具有滞环的三位置继电非线性特性

滞环的两位置继电特性,如图 7.6 所示。当 $m=1$ 时,可得到具有三位置的理想继电非线性特性,如图 7.7 所示。

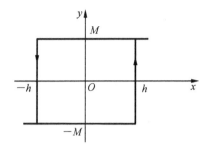

图 7.6 具有滞环的两位置继电非线性特性

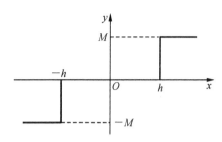

图 7.7 具有三位置的理想继电非线性特性

5. 间隙非线性

间隙非线性形成的原因是由于滞后作用,如磁性材料的滞后现象,机械传动中的干摩擦与传动间隙。间隙非线性也称滞环非线性。间隙非线性的特点是:当输入量的变化方向改变时,输出量保持不变,一直到输入量的变化超出一定数值(间隙)后,输出量才跟着变化。齿轮传动中的间隙是最明显的例子。间隙非线性特性如图 7.8 所示。

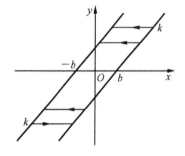

图 7.8 间隙非线性特性

7.1.2 非线性控制系统的特性

与线性系统相比,非线性系统有着本质的不同和许多特殊的运动形式,主要表现在下述几个方面。

1. 叠加原理不能应用于非线性系统

在线性系统中,一般可采用传递函数、频率特性、根轨迹等概念。同时,由于线性系统的运动特征与输入的幅值、系统的初始状态无关,故通常是在典型输入函数和零初始条件下进行研究的。然而,在非线性系统中,由于叠加原理不成立,不能应用上述方法。

2. 对正弦输入信号的响应

在线性系统中,当输入是正弦信号时,系统的稳态输出是相同频率的正弦信号。系统的稳态输出和输入仅在幅值和相位角上不相同。利用这一特性,可以引入频率特性的概念来描述系统的动态特性。

非线性系统对正弦输入信号的响应比较复杂,其稳态输出除了包含与输入频率相同的信号外,还可能有与输入频率成整数倍的高次谐波分量。因此,频率法不适用于非线性系统。

3. 稳定性问题

线性系统若稳定,则它无论受到多大的扰动,扰动消失后系统一定会回到唯一的平衡点(原点)。而非线性系统的平衡点可能不止一个,因此不存在系统是否稳定的笼统概念，一个非线性系统在某些平衡状态可能是稳定的，在另外一些平衡状态却可能是不稳定的。

在线性系统中，系统的稳定性只与系统的结构和参数有关，而与外作用及初始条件无关。非线性系统的稳定性除了与系统的结构和参数有关外，还与外作用及初始条件有关。

4. 自持振荡问题

描述线性系统的微分方程可能有一个周期运动解，但这一周期运动实际上不能保持下去。例如，二阶无阻尼系统的自由运动解是 $y(t)=A\sin(\omega t+\varphi)$。这里 ω 取决于系统的结构、参数，振幅 A 和相位 φ 取决于初始状态。一旦系统受到扰动，A 和 φ 的值都会改变。因此，这种周期运动是不稳定的。非线性系统即使在没有输入作用的情况下，也有可能产生一定频率和振幅的周期运动，并且当受到扰动作用后，运动仍保持原来的频率和振幅。亦即这种周期运动具有稳定性。非线性系统出现的这种稳定周期运动称为自持振荡，简称自振。自振是非线性系统特有的运动现象，是非线性控制理论研究的重要问题。

7.1.3 非线性控制系统的分析方法

由于对非线性微分方程至今还没有一个普遍的求解方法，其理论还不完善，所以对非线性控制系统的分析与设计，也还没有一门通用的理论。同样，在工程上目前也没有一种通用的方法可以顺利地解决所有非线性问题。因此分析非线性系统时要根据其不同特点，有针对性地选用不同方法。

1. 线性化近似方法

这种方法适用下述情况：① 非线性因素对系统影响很小，可以忽略；② 系统工作时，其变量只发生微小变化（即所谓小偏差线性化），此时系统模型用变量的增量方程式表示。

2. 逐段线性近似法

将非线性系统近似地分为几个线性区域，每个区域用相应的线性微分方程描述。通过给微分方程引入恰当的初始条件，将各段的解合在一起即可得到系统的全解。该方法适用于任何阶次系统的任何非线性的分段线性化。

3. 描述函数法

描述函数法和线性系统中的频率法相似，因此也称非线性系统的频率法，适用于具有低通滤波特性的各种阶次的非线性系统。

除了以上三种方法外，还有相平面法、李雅普诺夫法等方法。相平面法是非线性系统的图解法，由于平面在几何上是二维的，因此只限于分析最高为二阶的系统；李雅普诺夫法是根据广义能量概念，确定非线性系统稳态稳定性的方法，原则上适用于所有非线性系统。但对于复杂的非线性系统，寻找李雅普诺夫函数相当困难，本书不作进一步讨论。此外还有运用数字计算机来求解非线性微分方程的数值解法。限于篇幅，本章重点讨论非线性系统的描述函数分析方法。

7.2 描述函数法

对于非线性特性,在输入量作正弦变化时,输出量一般不是同频率的正弦函数,但常常是周期变化的函数,其周期与输入信号的周期相同。在一定条件下,对其输出量经过近似处理后,可用类似线性理论的频率法来分析非线性系统,这种方法称为描述函数法。

7.2.1 描述函数的基本概念

1. 继电特性引例

理想继电特性如图 7.9(a)所示,当输入正弦信号 $x(t)=X\sin\omega t$ 时,其输出 $y(t)$ 是一个与输入正弦函数同频率的周期方波。

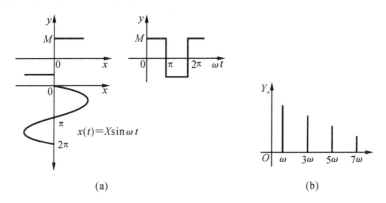

图 7.9 理想继电特性及输入、输出波形与频谱

输出周期函数可展开成傅里叶级数

$$y(t) = \frac{4M}{\pi}\left(\sin\omega t + \frac{1}{3}\sin3\omega t + \frac{1}{5}\sin5\omega t + \cdots\right)$$

$$= \frac{4M}{\pi}\sum_{n=0}^{\infty}\frac{\sin(2n+1)\omega t}{2n+1} \tag{7-1}$$

由式(7-1)可以看出,方波函数可以看做是无数个正弦信号分量的叠加。这些分量中,有一个与输入信号频率相同的分量,称为基波分量(或一次谐波分量),其幅值最大。其他分量的频率均为输入信号频率的奇数倍,统称为高次谐波。频率愈高的分量,振幅愈小,各谐波分量的振幅与频率的关系称为该方波的频谱,如图 7.9(b)所示。

2. 谐波线性化

对于任意非线性特性,设输入的正弦信号为 $x(t)=X\sin\omega t$,输出波形为 $y(t)$。
输出 $y(t)$ 有傅氏形式:

$$y(t) = A_0 + \sum_{n=1}^{\infty}[A_n\cos(n\omega t) + B_n\sin(n\omega t)] = A_0 + \sum_{n=1}^{\infty}Y_n\sin(n\omega t + \varphi_n)$$

式中：
$$A_0 = \frac{1}{2\pi}\int_0^{2\pi} y(t)\mathrm{d}(\omega t)$$

$$A_n = \frac{1}{\pi}\int_0^{2\pi} y(t)\cos(n\omega t)\mathrm{d}(\omega t) \tag{7-2}$$

$$B_n = \frac{1}{\pi}\int_0^{2\pi} y(t)\sin(n\omega t)\mathrm{d}(\omega t) \tag{7-3}$$

$$Y_n = \sqrt{A_n^2 + B_n^2}, \quad \varphi_n = \arctan\frac{A_n}{B_n}$$

对于本章所讨论的几种典型非线性特性,均属于奇对称函数,$y(t)$ 是对称的,则 $A_0 = 0$;若为单值奇对称函数,则 $A_0 = A_1 = 0$。

谐波线性化的基本思想或处理方法是略去输出高次谐波分量,用输出 $y(t)$ 的基波分量 $y_1(t)$ 近似地代替整个输出。即

$$y(t) \approx y_1(t) = A_1\cos\omega t + B_1\sin\omega t = Y_1\sin(\omega t + \varphi_1) \tag{7-4}$$

式中：
$$Y_1 = \sqrt{A_1^2 + B_1^2}, \quad \varphi_1 = \arctan\frac{A_1}{B_1}$$

$$A_1 = \frac{1}{\pi}\int_0^{2\pi} y(t)\cos\omega t\,\mathrm{d}(\omega t)$$

$$B_1 = \frac{1}{\pi}\int_0^{2\pi} y(t)\sin\omega t\,\mathrm{d}(\omega t)$$

因此,对于一个非线性元件,可以用输入 $x(t) = X\sin\omega t$ 和输出 $y_1(t) = Y_1\sin(\omega t + \varphi_1)$ 近似描述其基本性质。非线性元件的输出是一个与其输入同频率的正弦量,只是振幅和相位发生了变化。这与线性元件在正弦输入下的输出在形式上十分相似,故有些学者(特别是苏联学者)也称上述近似处理为谐波线性化。

3. 描述函数

在对非线性特性进行谐波线性化之后,可以仿照幅相频率特性的定义,建立非线性特性的等效幅相特性,即描述函数。

非线性元件的描述函数是由输出的基波分量 $y_1(t)$ 对输入 $x(t)$ 的复数比来定义的,即

$$N = \frac{Y_1}{X}\angle\varphi_1 = \frac{\sqrt{A_1^2 + B_1^2}}{X}\arctan\frac{A_1}{B_1} \tag{7-5}$$

式中：N——非线性元件的描述函数；

X——正弦输入的幅值；

Y_1——输出信号一次谐波的幅值；

φ_1——输出信号一次基波与输入信号的相位差。

描述函数的实质是用一个等效线性元件替代原来的非线性元件,而等效线性元件的幅相特性函数 N 是输入信号 $x(t) = X\sin\omega t$ 的幅值 X 的函数。

图 7.10 所示为包括非线性元件的非线性系统框图,即非线性系统分成线性部分 $G(s)$ 与非线性部分 $N(s)$。

把非线性元件等效为一个放大倍数为复数的放大器,与频率 ω 无关。它相当于线性系统中的放大器,其放大倍数是一个普通常数。

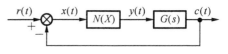

图 7.10 典型非线性系统

系统的闭环传递函数为

$$G_b(s) = \frac{N(X)G(s)}{1+N(X)G(s)}$$

闭环系统的特征方程为

$$1 + N(X)G(s) = 0$$

7.2.2 典型非线性元件的描述函数

1. 理想继电特性的描述函数

理想继电特性的数学表达式为

$$y(x) = \begin{cases} M & (x>0) \\ -M & (x<0) \end{cases}$$

当输入正弦信号 $x(t) = X\sin\omega t$ 时,继电特性为过零切换,则理想继电特性及在正弦信号作用下的输入、输出波形,如图 7.11 所示。

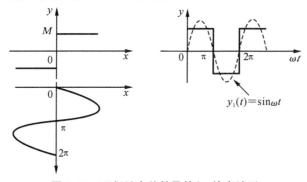

图 7.11 理想继电特性及输入、输出波形

由于正弦信号是单值奇函数,因此,$A_0 = A_1 = 0$,$\varphi_1 = 0$。

根据式(7-4)中的 B_1 算式得傅氏级数基波分量的系数

$$B_1 = \frac{1}{\pi}\int_0^{2\pi} y(t)\sin\omega t \, d(\omega t)$$

因为 $y(t)$ 是周期 2π 的方波,且对 π 点奇对称,故 B_1 可改写为

$$B_1 = \frac{4}{\pi}\int_0^{2\pi} M\sin\omega t \, d(\omega t) = \frac{4M}{\pi}$$

因此基数分量为

$$y_1(t) = \frac{4M}{\pi}\sin\omega t$$

$$N(X) = \frac{Y_1}{X}\angle 0° = \frac{M}{\pi X} \tag{7-6}$$

显然,理想继电特性的描述函数是一个实数量,并且只是输入振幅 X 的函数。

2. 死区特性的描述函数

假设输入正弦信号函数为 $x(t)=X\sin\omega t$，则输出特性的数学表达式为

$$\begin{cases} y(t)=0 & (0<\omega t<\theta_1) \\ y(t)=K(X\sin\omega t-a) & \left(\theta_1 \leqslant \omega t \leqslant \dfrac{\pi}{2}\right) \end{cases}$$

当 $\omega t > \dfrac{\pi}{2}$ 时，死区特性及其输入、输出波形如图 7.12 所示。

当输入信号幅值在死区范围内时，输出为零，只有输入信号幅值大于死区时，才有输出，故输出为一些不连续、不完整的正弦波形。

由于死区特性为单值奇对称函数，故

$$A_0=0, \quad A_1=0, \quad \varphi_1=0$$

而

$$B_1=\frac{1}{\pi}\int_0^{2\pi}y(t)\sin\omega t\,\mathrm{d}(\omega t)=\frac{4}{\pi}\int_{\varphi_1}^{\frac{\pi}{2}}K(X\sin\omega t-\Delta)\sin\omega t\,\mathrm{d}(\omega t)$$

并且由于 $y(t)$ 在一个周期中波形对称，即当 $0\sim\varphi_1$ 时，$y(t)=0$，故 B_1 的积分值为

$$\begin{aligned} B_1 &= \frac{4KX}{\pi}\int_{\varphi_1}^{\frac{\pi}{2}}\sin^2\omega t\,\mathrm{d}(\omega t) - \frac{4K\Delta}{\pi}\int_{\varphi_1}^{\frac{\pi}{2}}\sin\omega t\,\mathrm{d}(\omega t) \\ &= \frac{4KX}{\pi}\left(\frac{\pi}{4}-\frac{\varphi_1}{2}+\frac{1}{4}\sin 2\varphi_1\right)-\frac{4K\Delta}{\pi}\cos\varphi_1 \end{aligned}$$

其中，$\Delta=X\sin\varphi_1$，即 $\varphi_1=\arcsin(\Delta/X)$，代入上式并整理得

$$B_1=\frac{2XK}{\pi}\left[\frac{\pi}{2}-\arcsin\frac{\Delta}{X}-\frac{\Delta}{X}\sqrt{1-\left(\frac{\Delta}{X}\right)^2}\right]$$

其描述函数为

$$N(X)=\frac{B_1}{X}\angle 0°=K-\frac{2K}{\pi}\left[\arcsin\frac{\Delta}{X}+\frac{\Delta}{X}\sqrt{1-\left(\frac{\Delta}{X}\right)^2}\right] \quad (X\geqslant\Delta) \quad (7\text{-}7)$$

图 7.13 所示为 Δ/X 与 N/K 的关系曲线。

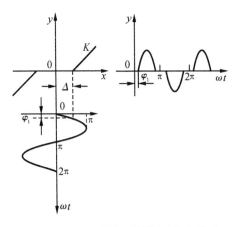
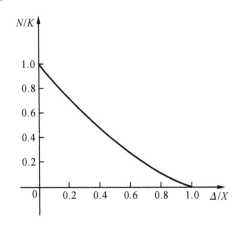

图 7.12　死区特性及其输入、输出波形　　　　图 7.13　死区特性描述函数

由图 7.13 可见:当 $\Delta/X \geqslant 1$ 时,输出为零,从而描述函数的值也为零;如死区 Δ 很小,或输入的振幅很大时,$\Delta/X \approx 0$,$N(X) \approx K$,即可认为描述函数为常量,恰好等于死区特性线性段的斜率,这表明死区影响可忽略不计。

3. 饱和非线性特性的描述函数

假设输入正弦信号函数为 $x(t) = X\sin\omega t$,则饱和非线性特性的数学表达式为

$$\begin{cases} y(t) = KX\sin\omega t & (0 \leqslant \omega t \leqslant \theta_1) \\ y(t) = Ka & \left(\theta_1 \leqslant \omega t \leqslant \dfrac{\pi}{2}\right) \end{cases}$$

式中:K——斜率。

饱和特性及其输入、输出波形如图 7.14 所示。

由图可见,当正弦输入信号的振幅 $X < b$ 时,系统工作在线性段,没有非线性的影响。当 $X \geqslant b$ 时才进入非线性区,因此饱和特性的描述函数仅在 $X \geqslant b$ 的情况下才有意义。

由于饱和特性为单值奇对称函数,所以 $A_0 = A_1 = 0$,$\varphi_1 = 0$,且

$$\begin{aligned}
B_1 &= \frac{1}{\pi}\int_0^{2\pi} y(t)\sin\omega t\, \mathrm{d}(\omega t) \\
&= \frac{4}{\pi}\left[\int_0^{\varphi_1} KX\sin^2\omega t\, \mathrm{d}(\omega t) + \int_{\varphi_1}^{\frac{\pi}{2}} Kb\sin\omega t\, \mathrm{d}(\omega t)\right] \\
&= \frac{2KX}{\pi}\left[\arcsin\frac{b}{X} + \frac{b}{X}\sqrt{1-\left(\frac{b}{X}\right)^2}\right] \quad (X \geqslant b)
\end{aligned}$$

故描述函数为

$$N(X) = \frac{B_1}{X} = \frac{2K}{\pi}\left[\arcsin\frac{b}{X} + \frac{b}{X}\sqrt{1-\left(\frac{b}{X}\right)^2}\right] \quad (x \geqslant b) \tag{7-8}$$

b/X 与 N/K 之间的关系如图 7.15 所示。

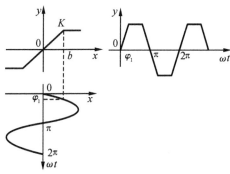

图 7.14 饱和特性及其输入、输出波形

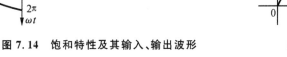

图 7.15 饱和特性描述函数

4. 继电特性的描述函数

具有死区及滞环继电特性及其输入、输出曲线如图 7.16 所示。这种继电特性为多值函数,所以只有 $A_0 = 0$,A_1 和 B_1 都不为零。输出 $y(t)$ 的起始角和截止角分别为 φ_1、φ_2 和 φ_3、φ_4,可从图 7.16 波形图中求出,即

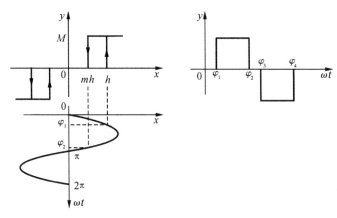

图 7.16 死区及滞环继电特性及其输入、输出波形

$$\varphi_1 = \arcsin\frac{h}{X}, \quad \varphi_2 = \pi - \arcsin\frac{mh}{X}, \quad \varphi_3 = \pi + \arcsin\frac{h}{X}, \quad \varphi_4 = 2\pi - \arcsin\frac{mh}{X}$$

根据方程(7-4)中 A_1 和 B_1 的算式可得

$$A_1 = \frac{1}{\pi}\left[\int_{\varphi_1}^{\varphi_2} M\cos\omega t\, d(\omega t) - \int_{\varphi_3}^{\varphi_4} M\cos\omega t\, d(\omega t)\right] = \frac{2Mh}{\pi X}(m-1) \quad (X \geqslant h)$$

$$B_1 = \frac{1}{\pi}\left[\int_{\varphi_1}^{\varphi_2} M\sin\omega t\, d(\omega t) - \int_{\varphi_3}^{\varphi_4} M\sin\omega t\, d(\omega t)\right]$$

$$= \frac{2M}{\pi}\left[\sqrt{1-\left(\frac{mh}{X}\right)^2} + \sqrt{1-\left(\frac{h}{X}\right)^2}\right] \quad (X \geqslant h)$$

将以上两式代入式(7-5),可得描述函数

$$N(X) = \frac{\sqrt{A_1^2 + B_1^2}}{X}\arctan\frac{A_1}{B_1}$$

$$= \frac{2M}{\pi X}\left[\sqrt{1-\left(\frac{mh}{X}\right)^2} + \sqrt{1-\left(\frac{h}{X}\right)^2}\right] + j\frac{2Mh}{\pi X^2}(m-1) \quad (X \geqslant h) \quad (7-9)$$

显然,$N(X)$ 是输入信号振幅的复函数,输出的基波分量在相位上将滞后于输入的量。从式(7-9)可以直接推导出其他继电特性的描述函数。

(1) 当 $h=0$ 时,即为理想继电特性的描述函数

$$N(X) = \frac{4M}{\pi X}$$

(2) 当 $m=1$ 时,即为死区继电特性的描述函数

$$N(X) = \frac{4M}{\pi X}\sqrt{1-\left(\frac{h}{X}\right)^2} \quad (X \geqslant h) \quad (7-10)$$

(3) 当 $m=-1$ 时,即为具有滞环继电特性的描述函数

$$N(X) = \frac{4M}{\pi X}\sqrt{1-\left(\frac{h}{X}\right)^2} - j\frac{4Mh}{\pi X^2} \quad (X \geqslant h) \quad (7-11)$$

5. 具有齿轮间隙特性的描述函数

具有齿轮间隙特性及其输入、输出波形如图 7.17 所示。其描述函数推导方法与前面

相同,这里只给出结果:

$$N(X) = \frac{1}{\pi}\left[\frac{\pi}{2} + \arcsin\left(1 - \frac{2b}{X}\right) + 2\left(1 - \frac{2b}{X}\right)\sqrt{\frac{b}{X}\left(1 - \frac{b}{X}\right)}\right]$$
$$+ j\frac{4b}{\pi X}\left(\frac{b}{X} - 1\right) \quad (X \geqslant b) \tag{7-12}$$

可见,描述函数是与输入信号振幅有关的复变函数。这也表明间隙特性在正弦信号作用下,输出的基波分量对输入是有相位差的,输出滞后于输入。其描述函数曲线如图7.18 所示。

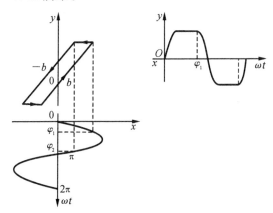

图 7.17 间隙特性及其输入、输出波形

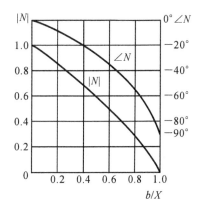

图 7.18 间隙特性描述函数

7.2.3 用描述函数法分析系统的稳定性

描述函数是研究非线性系统稳定性的一种工程近似方法,它是在只考虑基波的条件下,将线性理论中的 Nyquist 稳定判据推广应用于非线性系统的结果。为了便于理解,首先回顾一下 Nyquist 判据最基本的内容:如开环系统稳定,并且开环幅相频率特性 $G(j\omega)$ 曲线不包围 $(-1, j0)$ 点,则其相应的闭环系统稳定;反之,则不稳定。若开环频率特性曲线恰好通过 $(-1, j0)$ 点,则闭环系统处在临界稳定状态。根据 Nyquist 判据的推导过程可知,此判据是根据线性系统闭环特征方程

$$G(j\omega) = -1 \tag{7-13}$$

的关系逐步得到的。其中,$G(j\omega)$ 为开环频率特性,"-1"即为 $(-1, j0)$ 点。

仿照上述推导过程即可将 Nyquist 判据推广到非线性系统中去。

图 7.19 所示非线性系统中,$N(X)$ 表示非线性元件的描述函数,如果高次谐波已经被充分衰减,则描述函数 $N(X)$ 可以作为一个实变量或复变量的放大系数来处理。$G(j\omega)$ 为线性元件的频率特性。

系统闭环频率特性为

$$G_b(j\omega) = \frac{N(X)G(j\omega)}{1 + N(X)G(j\omega)}$$

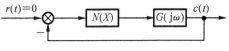

图 7.19 非线性系统

闭环系统的特征方程为

$$1+N(X)G(\mathrm{j}\omega)=0$$

或

$$G(\mathrm{j}\omega)=-\frac{1}{N(X)} \tag{7-14}$$

其中，$-1/N(X)$ 称为非线性特性的负倒描述函数。与式(7-13)相比较，$-1/N(X)$ 相当于线性系统中开环幅相平面上的 $(-1,\mathrm{j}0)$ 点。于是，几乎可以原封不动地将 Nyquist 判据搬到非线性系统中来：若系统线性部分的幅相频率特性 $G(\mathrm{j}\omega)$ 曲线不包围 $-1/N(X)$ 曲线，则非线性系统稳定；反之，若 $G(\mathrm{j}\omega)$ 曲线包围 $-1/N(X)$ 曲线，则非线性系统不稳定；如果 $G(\mathrm{j}\omega)$ 和 $-1/N(X)$ 相交，则系统存在等幅振荡。

为了便于工程应用，常用相对描述函数和相对负倒描述函数，亦即将描述函数中的某些非线性参数分离出来乘到线性部分中去，而剩下的非线性参数均以相对值形式（无量纲）出现。例如死区继电特性，其描述函数为

$$N(X)=\frac{4M}{\pi X}\sqrt{1-\left(\frac{h}{X}\right)^{2}} \qquad (X\geqslant h)$$

将其改写为

$$N(X)=\frac{M}{h}\frac{4h}{\pi X}\sqrt{1-\left(\frac{h}{X}\right)^{2}}$$

令 $K_{0}=\dfrac{M}{h}$, $N_{0}=\dfrac{4}{\pi}\dfrac{h}{X}\sqrt{1-\left(\dfrac{h}{X}\right)^{2}}$，于是，$N_{0}(X)$ 即为相对描述函数，K_{0} 称为非线性特性的尺度系数，$-1/N_{0}(X)$ 称为相对负倒描述函数。这样，死区继电特性的相对负倒描述函数为

$$-\frac{1}{N_{0}(X)}=-\frac{\pi}{4}\left(\frac{X}{h}\right)^{2}\bigg/\sqrt{\left(\frac{X}{h}\right)^{2}-1} \qquad (X\geqslant h) \tag{7-15}$$

由式(7-15)可见，相对负倒描述函数的特点是：若把 X/h 作为一个变量，则 $-1/N_{0}(X)$ 仅是 X/h 的函数，它的函数值与非线性特性的特征参数 M 和 h 无关。当 X/h 从 $1\to\infty$ 时，全部函数值可以预先计算出来，即可使非线性特性的 $N_{0}(X)$ 及 $-1/N_{0}(X)$ 曲线标准化，不会因 M、h 值的不同而改变。显然，这将大大减少工作量，并将减少发生计算错误的可能性。

采用相对值之后，式(7-14)可改写为

$$K_{0}G(\mathrm{j}\omega)=-\frac{1}{N_{0}(X)} \tag{7-16}$$

而非线性稳定性的判别方法可叙述为：若 $K_{0}G(\mathrm{j}\omega)$ 曲线不包围 $-1/N_{0}(X)$ 曲线，则闭环系统稳定；若 $K_{0}G(\mathrm{j}\omega)$ 曲线包围 $-1/N_{0}(X)$ 曲线，则系统不稳定。

图 7.20 表示了 $K_{0}G(\mathrm{j}\omega)$ 与 $-1/N_{0}(X)$ 之间三种可能的关系：

(1) 图 7.20(a)表示系统稳定时 $K_{0}G(\mathrm{j}\omega)$ 与 $-1/N_{0}(X)$ 的相互关系；

(2) 图 7.20(b)所示为不稳定情况；

(3) 图 7.20(c)表示可能存在的自振情况。

图中负倒特性曲线上的箭头方向表示 X 增加方向。

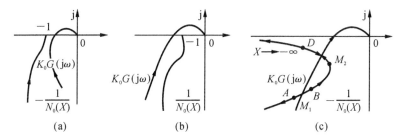

图 7.20 $K_0G(j\omega)$ 与 $-1/N_0(X)$ 的曲线关系

例 7-1 具有理想继电器的非线性系统如图 7.21 所示,试确定其自振的振幅和频率。

解 理想继电器特性的描述函数为

$$-\frac{1}{N_0(X/\alpha)} = -\frac{\pi X}{4M}, \quad K_n = 1, \quad M = 1$$

当 $X=0$ 时,$\dfrac{-1}{N_0(X/\alpha)} = 0$;

当 $X \to \infty$ 时,$\dfrac{-1}{N_0(X/\alpha)} \to -\infty$,$\dfrac{-1}{N_0(X/\alpha)}$ 的轨迹为整个负实轴,如图 7.22 所示。由线性部分传递函数得

$$K_n G(j\omega) = \frac{10}{j\omega(1+j\omega)(2+j\omega)} = \frac{-30}{(\omega^2+1)(\omega^2+4)} - j\frac{10(2-\omega^2)}{\omega(\omega^2+1)(\omega^2+4)}$$

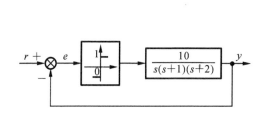

图 7.21 具有理想继电器的非线性系统

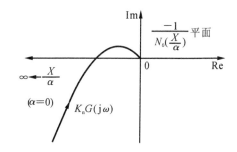

图 7.22 系统的幅相特性

Ⅰ型三阶系统的幅相特性曲线如图 7.22 所示,其与 $\dfrac{-1}{N_0(X/\alpha)}$ 必在负实轴上相交,现需求出交点处的频率 ω 和振幅 X。ω 值可由 $K_n G(j\omega)$ 求得,进而再根据 $\dfrac{-1}{N_0(X/\alpha)}$ 求得 X。

由 $\text{Im}G(j\omega)=0$ 得 $2-\omega^2=0$,即 $K_n G(j\omega)$ 与 $\dfrac{-1}{N_0(X/\alpha)}$ 交点处的 $\omega=\sqrt{2}$;将 $\omega=\sqrt{2}$ 代入 $K_n G(j\omega)$ 的实部,可得 $\text{Re}G(j\omega)|_{\omega=\sqrt{2}} = -1.667$,再由 $\dfrac{-1}{N_0(X/\alpha)} = \dfrac{-\pi X}{4} = -1.667$ 求得自振的振幅 $X=2.12$。

7.3 机电控制系统中的非线性环节分析举例

实际工程控制系统大多是机电系统,如雷达与卫星跟踪设备的天线位置控制系统、轧钢钢坯定位系统、钢带跑偏控制系统等,在这些系统中存在的轴系-传动装置、电动机、液压马达类机械结构是系统不可缺少的组成部分。机械机构参数(因素)包括转动惯量、驱动系统刚度、轴系精度、传动链间隙、齿轮运动误差、摩擦等,本节以控制系统中的传动链间隙为例进行分析,讨论解决这类问题的基本方法。

7.3.1 传动链的间隙

图 7.23 是一个典型的雷达位置伺服系统方框图。

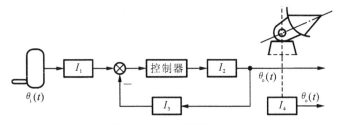

图 7.23 雷达伺服系统

图中 I_1, I_2, I_3, I_4 为四个齿轮传动装置,比较装置为同步接收机和同步发送机组成的自同步变压器系统。传动链 I_1, I_3, I_4 连接各种传感器,用来传送各种信息,也称为数据传动链。而传动链 I_2 主要传递执行电动机的动力,用以拖动负载,也称为动力传动链。I_1, I_4 处在闭环系统之外,传动链 I_2, I_3 处在闭环系统之内。在闭环系统中,传动链 I_2 又处在前向通道,I_3 处在反馈通道。传动链在系统中所处位置不同,其传动链的间隙对系统性能的影响也不同。

一般在各个传动链中都存在一定程度的间隙,包括齿轮的侧向间隙、轴承间隙及连接部分的滑键轴销间隙等。这些间隙集中反映到传动链的空回量上。

分析模型如图 7.24 所示,其中:θ_i 为传动链的输入角;θ_o 为传动链的输出角;2α 为输

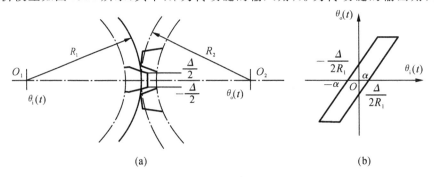

(a)   (b)

图 7.24 齿轮间隙和输出-输入特性

出轴固定时,从输入轴上度量而得到的空回量,它是一个角度值。

图 7.24 中,Δ 为间隙,R_1 为主动轮节圆半径,所以 $2\alpha = \Delta/R_1$。若传动链没有间隙,那么输出角和输入角之间将呈现线性关系,如图 7.25 所示。若存在间隙,且空回量为 2α,那么,当主动轴从中间位置开始转动 α 角时,从动轴不动;只有当主动轴转动角大于 α 时,从动轴才跟随主动轴转动。当主动轴转到某个位置时反向,这时从动轴不能立即跟随主动轴反转,只有当主动轴转过整个空回量 2α 时,从动轴才开始跟着主动轴反向转动,使整个曲线呈时滞回线的形状,即滞环非线件。

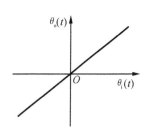

图 7.25 理想输出-输入特性

7.3.2 传动链影响分析

1. 传动链 I_2 的影响

根据传动链在系统中所处位置的不同,其空回量对系统性能的影响也不相同。下面以 I_2 为例,讨论其对系统影响的分析方法。假设传动链 I_3 是理想的,没有空回,而传动链 I_2 具有空回量 2α。其输入-输出特性关系如图 7.26 所示,设此时输入信号为正弦信号,即 $x(t) = X\sin\omega t$。按照分析非线性系统的描述函数方法,可求出间隙非线性的描述函数为

$$N(X) = \frac{Y_1}{X}\varphi_1 = \frac{\sqrt{A_1^2 + B_1^2}}{X}\angle\arctan\frac{A_1}{B_1} \tag{7-17}$$

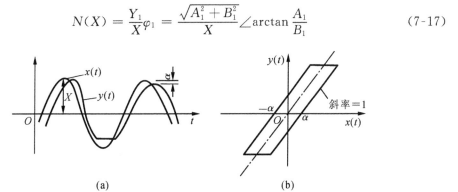

图 7.26 传动链间隙时的输出-输入特性

前面已推出滞环非线性的 A_1 和 B_1 为

$$A_1 = \frac{4K_n\alpha}{\pi}\left(\frac{\alpha}{X} - 1\right), \quad B_1 = \frac{K_n X}{\pi}\left[\frac{\pi}{2} + \arcsin\left(1 - \frac{2\alpha}{X}\right) + 2\left(1 - \frac{2\alpha}{X}\right)\frac{\alpha}{X}\left(1 - \frac{\alpha}{X}\right)\right]$$

对于图 7.23 所示模型,式中 $K_n = 1$。将 A_1、B_1 代入式(7-17)中,便可求出描述函数 $N(X)$。其中:幅度为 $|N| = \dfrac{\sqrt{A_1^2 + B_1^2}}{X}$,相位角为 $\angle N = \varphi_1 = \arctan\dfrac{A_1}{B_1}$。$|N|$ 和 $\angle N$ 的曲线如图 7.27 所示。

从图 7.27 中可以看出,这种非线性所造成的相位滞后,同空回量和输入幅度之比有

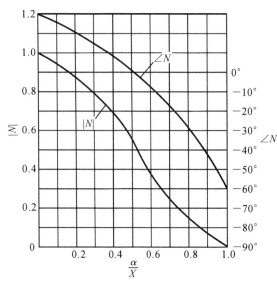

图 7.27 描述函数的幅值和幅角

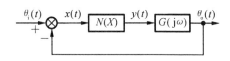

图 7.28 典型非线性系统

关,最大可达 90°之多。因此,空回对系统的稳定性是个严重威胁。含有非线性元件的控制系统框图如图 7.28 所示,令线性部分的频率特性为 $G(j\omega)$,非线性部分的描述函数为 $N(X)$,则系统的闭环频率特性为

$$G_b(j\omega) = \frac{\theta_o(j\omega)}{\theta_i(j\omega)} = \frac{G(j\omega)N(X)}{1 + G(j\omega)N(X)}$$

其特征方程式为

$$1 + G(j\omega)N(X) = 0$$

即

$$G(j\omega) = -\frac{1}{N(X)} \tag{7-18}$$

系统的稳定性取决于特征方程的根,所以说,式(7-18)就是讨论稳定性的基本方程。

为了使讨论简单明了,我们用图解法来求解。

假设某 I 型系统的线性部分 $G(j\omega)$ 的轨迹曲线及非线性部分的 $-1/N(X)$ 轨迹曲线都画在同一个复平面上,如图 7.29 所示。从图可以看出,两曲线有三个交点,其中 P_1 和 P_3 点的振荡是稳定的,即为稳定极限环;而 P_2 点的振荡是不稳定的,即为不稳定极限环。

应当注意,对于 I 型系统,两曲线可能没有交点,也可能有一个交点或数个交点。图 7.29 是有三个交点的实例。如果没有交点,表明此时空回不会引起极限环振荡。但是,对于 II 型系统来说,两部分轨迹必然有一个交点,因此必然产生极限环振荡,如图 7.30 所示。

由于动力传动链存在空回,在起始状态下,电动机需转动一个空回的相应角度 α,这时,相当于反馈被断开,处于开环状态,而开环系统的增益比闭环的增益大得多。在这种情况下,由于轮转动一个角度 θ_i,自同步机上的误差电压经过增益很大的开环放大,使电动机产生一个很大的力矩。同时,由于在空回范围内,电动机轴上的负载几乎等于零。因

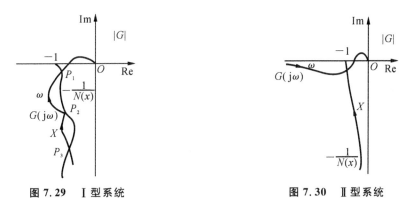

图 7.29　Ⅰ型系统　　　　　　图 7.30　Ⅱ型系统

而,使电动机轴上的齿轮以很大的加速度撞击从动轮,而后,带动负载运动。正因为这个原因,天线才以比无空回时大得多的速度冲过 θ_i。负载一经被带动,反馈便被接通,开环状态转入闭环状态工作。天线的转角 θ_o 则等于 θ_i。出于惯性,又使输出角 θ_o 超过 θ_i,形成反极性的误差电压,使电动机反转。在反转的过程中,由于空回,反馈又被断开,由闭环状态转为开环状态,直至电动机以极大的速度和加速度转过 2α 角才重新拖动天线反转。如此反复,产生振荡。此时,这种振荡不完全是负载的惯性作用,还附加了在空回范围内所积累的动能的作用。因而,即使系统有足够的阻尼,能阻止无空回时系统的振荡,但不能阻止由空回引起的系统的持续振荡。

避免或消除极限环振荡的措施如下。

(1) 对于Ⅲ型以上系统,欲避免这种振荡,只有彻底消除传动链的空回。

(2) 对于Ⅰ型系统,可以减小环路的增益,使线性部分的开环频率特性曲线 $G(j\omega)$ 完全落在 $-1/N(X)$ 线之内。但这是以牺牲系统的精度为代价,来换取系统的稳定性。

(3) 可在系统中加入校正环节,如在图 7.29 的 P_2 和 P_3 点的频率范围区加入微分校正环节,使系统的 $G(j\omega)$ 曲线在这一段转弯,而避免与 $-1/N(X)$ 相交。

对于由空回引起的极限环振荡,不管在什么情况下,其振荡频率都会低于系统的截止频率。因此,在实际设备中,根据振荡的波形和振荡的频率是不难鉴别空回型极限环振荡的。

2. 传动链 I_1、I_4 的影响

从图 7.23 可知,I_1 和 I_4 都处于闭环系统之外,用于数据传递,一旦存在空回,是会影响系统精度的。

先看数据传动链 I_1。假设其中有空间量 2α,手柄处于中间位置,那么在起始状态下,手柄转动小于 α 角时,同步发送机转子不动,没有误差信号产生,天线也就不可能运动。只有在手柄的转角超过 α 角时,同步发送器的转子才开始转动,才有误差信号发生,天线才可能运动。这样,在手柄和同步发送器之间,形成了一个 α 角的数据传递误差。手柄转过某一个较大的角度后,再反转时,由于存在空回,必须使手柄转过 2α 角后,同步发生器的转子才反向转动,因而,就形成一个数据传递误差 2α 角。

同样,对于数据传动链 I_4,由于存在空回量 2α,控制台上的指示器所指示的天线位置,不是天线的实际位置,两者相差 2α 角。

3. 传动链 I_3 的影响

如图 7.23 所示,I_3 处于闭环之内的反馈通道上,作为数据传递之用。

假定 I_3 有空回量 2α。在平衡状态下,系统的输入量(角位置 θ_i)等于系统的输出量(角位置 θ_o),误差信号 $\varepsilon=0$。这时,若天线在外负载的扰动下,转动角 $\leqslant \pm\alpha$ 角时,因为 I_3 有空回,则连接在 I_3 输出轴上的同步接收器,仍然处于静止状态,其输出电压不发生变化,误差信号 ε 仍为零,天线的实际位置和所希望的位置 θ_i 之间相差一个 $\leqslant \pm\alpha$ 的角度,这便是系统的静态误差。由此可见,闭环系统内的数据传动链的空回量必会引起静态误差。

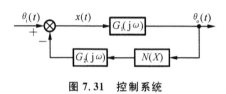

图 7.31 控制系统

至于 I_3 的空回对系统稳定性的影响,完全可以仿照动力传动链中空回量的影响来进行分析,只不过这时空回型非线性的描述函数不是处于前向通道,而是处于反馈通道上,如图 7.31 所示。

显然,其闭环频率特性为

$$G_b(j\omega) = \frac{\theta_o(j\omega)}{1+N(X)G_1(j\omega)G_2(j\omega)} = \frac{G_1(j\omega)}{1+N(X)G(j\omega)}$$

式中:$G_1(j\omega)$——前向通道线性部分的频率特性;

$G_2(j\omega)$——反馈通道线性部分的频率特性;

$N(X)$——空回型非线性的描述函数。

$$G(j\omega) = G_1(j\omega)G_2(j\omega)$$

系统的特征方程为

$$1+N(X)G(j\omega)=0$$

即

$$G(j\omega) = -\frac{1}{N(X)} \tag{7-19}$$

式(7-19)和式(7-18)完全一样。因此,在反馈通道上的数据传动链中空回量对系统稳定性的影响,同处于前向通道动力传动链中空回量的影响完全一样,可能引起极限环振荡。

通过以上分析,可以得出如下结论:

(1)传动链中的各种间隙,集中反应在传动链的空回上;

(2)在雷达伺服系统中,各传动链所处位置不同,传动链的空回对系统的影响也不同;

(3)处于闭环系统之外的数据传动链主要影响系统的数据传递精度;

(4)处于闭环系统之内的动力传动链主要影响系统的稳定性,使系统可能产生极限环振荡,但不影响系统的静态精度;

(5)处于闭环之内的数据传动链,既影响系统的稳定性,又影响系统的静态精度。简单关系如表 7.1 所示。

表 7.1 传动链间隙对系统性能的影响

	I_1, I_4	I_2	I_3
影响稳定性	无	有	有
影响精度	有	无	有

7.4 利用非线性特性改善系统的性能

控制系统中的非线性因素,在一般情况下对系统的控制性能将产生不良影响,但是在控制系统中人为地引入特殊形式的非线性元件,有可能使某些控制系统的性能得到改善,这就是非线性校正。在某些系统中采用非线性校正往往用一些极为简单的装置,便能使系统的性能得到极大的改善。现举例说明。

如图 7.32 所示是一个二阶随动系统。

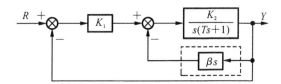

图 7.32 二阶随动系统结构图

在未加入并联反馈 βs 时,系统的开环传递函数为

$$G_k(s) = \frac{K_1 K_2}{s(Ts+1)} = \frac{K}{s(Ts+1)} \tag{7-20}$$

相应的闭环传递函数为

$$G_b(s) = \frac{K}{Ts^2+s+K} = \frac{\omega_n^2}{s^2+2\xi\omega_n s+\omega_n^2} \tag{7-21}$$

其中:$\omega_n = \sqrt{\frac{K}{T}}$,$\xi = \frac{1}{2\sqrt{KT}}$;如果系统要求高精度和快速跟踪,就要加大系统的开环放大倍数 K,这样将导致阻尼系数 ξ 减小,系统的振荡加剧,这时系统的阶跃响应曲线如图 7.33 中的曲线(1)所示,系统的输出响应振荡次数多,超调量大。

如果采用线性并联校正,加入微分负反馈 βs(在物理意义上相当于速度负反馈),如图 7.32 中的虚框所示。此时系统的开环传递函数变为

$$G_k'(s) = \frac{K}{Ts^2+(1+\beta K_2)s} \tag{7-22}$$

相应的闭环传递函数为

$$G_b'(s) = \frac{K}{Ts^2+(1+\beta K_2)s+K} = \frac{\omega_n^2}{s^2+2\xi'\omega_n s+\omega_n^2} \tag{7-23}$$

其中:$\omega_n = \sqrt{\dfrac{K}{T}}$,$\xi' = (1+\beta K_2)\xi$。可见,由于微分负反馈的加入,系统的阻尼系数增大了$(1+\beta K_2)$倍。当β足够大时,$\xi' > 1$,系统变成过阻尼状态,系统输出响应变成单调过程,图 7.33 中的曲线(2)表示了这种情况下系统的阶跃响应曲线,振荡情况从根本上好转,但跟踪速度明显降低了。

如果采用非线性并联校正,则会出现完全不同的情况。如图 7.34 所示,引入具有死区特性的非线性环节构成并联校正。死区特性的数学表达式为

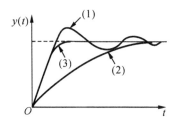

图 7.33 系统的阶跃响应

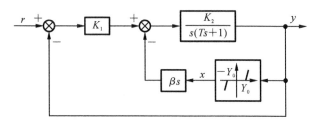

图 7.34 加入非线性并联校正的系统结构图

$$x(t) = \begin{cases} y - y_0 & (y \geqslant y_0) \\ 0 & (|y| < y_0) \\ y + y_0 & (y \leqslant -y_0) \end{cases} \quad (7\text{-}24)$$

这样,在系统输入阶跃信号后,过渡过程的开始阶段,系统的输出响应$|y| < y_0$。此时微分负反馈被断开,系统的阻尼系数为$\xi = 1/2\sqrt{KT}$,系统的过渡过程相当于图 7.33 中的曲线(1),具有较强的跟踪性能。当过渡过程接近完成时,系统的输出$|y| > y_0$,微分负反馈被接入,系统的阻尼系数加大成为$\xi' = (1+\beta K_2)\xi$,过渡过程变慢,输出响应$y(t)$具有与图 7.33 中曲线(2)相同的形状,使系统输出单调地趋向稳态值。这种非线性并联校正系统的过渡过程如图 7.33 中的曲线(3),它既保持了系统的快速跟踪,又大大地减弱了振荡,使系统具有优良的动态性能,利用线性校正是很难得到这种效果的。

习 题

7-1 请回答下列问题:

(1) 在确定非线性系统描述函数时,要求非线性元件不是时间的函数,并要求具有斜对称性,为什么?

(2) 线性元件的传递函数与非线性元件的描述函数有什么相同点和不同点?

(3) 非线性系统线性部分的频率特征与非线性元件的负倒幅相特征相等时,系统将出现临界振荡,其理论依据是什么?

7-2 试求题 7-2 图所示非线性特性的描述函数。

7-3 用描述函数法分析题 7-3 图所示非线性系统的稳定性和自振情况。

7-4 试求由非线性特性$y = x^3$所表示的非线性元件的描述函数。式中,x为非线性元件的输入(正弦信号),y为非线性元件的输出。

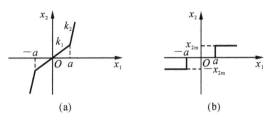

题 7-2 图

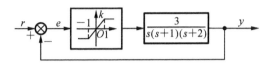

题 7-3 图

7-5 试判断题 7-5 图所示系统是否稳定。

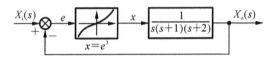

题 7-5 图

第8章　MATLAB 在控制系统中的应用

8.1　MATLAB 仿真软件简介

经过二十余年的补充与完善，MATLAB 已发展至 9.0 版本。MATLAB 是一个包含众多过程计算、仿真功能及工具的庞大系统，是目前世界上最流行的仿真计算软件。MATLAB 软件和工具箱（TOOLBOX）以及 simulink 仿真工具，为自动控制系统的计算与仿真提供了强有力的支持。

8.1.1　MATLAB 开发环境

MATLAB 系统由 MATLAB 开发环境、MATLAB 数学函数库、MATLAB 语言、MATLAB 图形处理系统和 MATLAB 应用程序接口（API）五大部分构成。

开发环境是一套方便用户使用 MATLAB 函数和文件的工具集，其中许多工具是图形化用户接口。它是一个集成化的工作空间。可以让用户输入、输出数据，并提供了 M 文件编辑调试器、MATLAB 工作空间和在线帮助文档。

数学函数库包括了大量的计算算法，从基本运算（如加法、正弦等）到复杂算法，如矩阵求逆、贝塞尔函数、快速傅里叶变换等。

语言是一个高级的基于矩阵/数组的语言，有程序流程控制、函数、数据结构、输入/输出和面向对象编程等特色。用户既可以用它来快速编写简单的程序，也可以用它来编写庞大复杂的应用程序。

图形处理系统使得 MATLAB 能方便地图形化显示向量和矩阵，而且能对图形添加标注和打印。它包括强力的二维、三维图形函数、图像处理和动画显示等函数。

应用程序接口（API）是一个使 MATLAB 语言能与 C、Fortran 等其他高级编程语言进行交互的函数库，该函数库的函数通过调用动态链接库（DLL）实现与 MATLAB 文件的数据交换，其主要功能包括在 MATLAB 中调用 C 和 Fortran 程序，以及在 MATLAB 与其他应用程序间建立客户/服务器关系。

8.1.2　MATLAB 命令窗口

MATLAB 的命令窗口，如图 8.1 所示，它用于 MATLAB 命令的交互操作，它具有两大主要功能：

（1）提供用户输入命令的操作平台，用户通过该窗口输入命令和数据；

(2) 提供命令执行结果的显示平台,该窗口显示命令执行的结果。

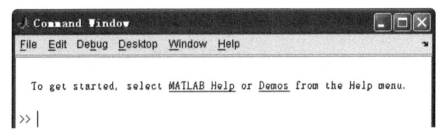

图 8.1　MATLAB 的命令窗口

计算机安装好 MATLAB 之后,双击 MATLAB 图标,就可以进入命令窗口,此时意味着系统处于准备接受命令的状态,可以在命令窗口直接输入命令语句。

MATLAB 语句形式为　　　　》变量＝表达式

通过等号将表达式的值赋予变量。当键入回车键时,该语句被执行。语句执行之后,窗口自动显示出语句执行的结果。如果希望结果不被显示,只要在语句之后加上一个分号即可。此时尽管结果没有显示,但它依然被赋值并在 MATLAB 工作空间中分配了内存。

使用方向键和控制键可以编辑、修改已输入的命令,↑回调上一个命令,↓回调下一个命令。使用"more off"表示不允许分页,"more on"表示允许分页,"more(n)"表示指定每页输出的行数。回车前进一行,空格键显示下一页,"q"结束当前显示。

8.1.3　MATLAB 数值计算

MATLAB 是一门计算语言,它的运算指令和语法基于一系列基本的矩阵运算及它们的扩展运算,它支持的数值元素是复数,这也是 MATLAB 区别于其他语言的最大特点之一,它给许多领域的计算带来了极大方便。因此,为了更好地利用 MATLAB 语言的优越性和简洁性,首先要对 MATLAB 的数据类型、数组矩阵的基本运算、符号运算、关系运算和逻辑运算进行介绍,并给出应用实例,本部分的内容是后面章节的基础。

(1) MATLAB 数值类型　MATLAB 包括四种基本数值类型,即双精度数组、字符串数组、元胞数组、构架数组。数值之间可以相互转化,这为其计算功能开拓了广阔的空间。

(2) 变量与常量　变量是数值计算的基本单元。与 C 语言等其他高级语言不同,MATLAB 语言中的变量无须事先定义,一个变量以其名称在语句命令中第一次合法出现而定义,运算表达式变量中不允许有未定义的变量,也不需要预先定义变量的类型,MATLAB 会自动生成变量,并根据变量的操作确定其类型。

(3) MATLAB 变量命名规则　MATLAB 中的变量命名规则如下:

① 变量名区分大小写,因此 A 与 a 表示的是不同的变量;

② 变量名以英文字母开始,第一个字母后可以使用字母、数字、下划线,但不能使用空格和标点符号;

③ 变量名长度不得超过 31 位,超过的部分将被忽略;

④ 某些常量也可以作为变量使用,如 i 在 MATLAB 中表示虚数单位,但也可以作为变量使用。

常量是指那些在 MATLAB 中已预先定义其数值的变量,默认的常量如表 8.1 所示。

表 8.1　MATLAB 默认常量

名　称	说　明
pi	圆周率
INF(或 inf)	无穷大
NAN(或 nan)	代表不定值(即 0/0)
realman	最大的正实数
realmix	最小的正实数
eps	浮点数的相对误差
i(或 j)	虚数单位,定义为 $\sqrt{-1}$
nargin	函数实际输入参数个数
nargout	函数实际输出参数个数
ANS(或 ans)	默认变量名,以应答最近一次操作运算结果

(4) MATLAB 变量的存储　工作空间中的变量可以用 save 命令存储到磁盘文件中。键入命令"save<文件名>",将工作空间中全部变量存到"<文件名>.mat"文件中去,若省略"<文件名>"则存入文件"matlab.mat"中;命令"save<文件名><变量名集>"将"<变量集名>"指出的变量存入文件"<文件名>.mat"中。

用命令 load 可将变量从磁盘文件读入 MATLAB 的工作空间,其用法为"load<文件名>",它将"<文件名>"指出的磁盘文件中的数据依次读入名称与"<文件名>"相同的工作空间中的变量中去。若省略"<文件名>"则"matlab.mat"从中读入所有数据。

用 clear 命令可从工作空间中清除现存的变量。

(5) 字符串　字符是 MATLAB 中符号运算的基本元素,也是文字等表达方式的基本元素,在 MATLAB 中,字符串作为字符数组用单引号(')引用到程序中,还可以通过字符串运算组成复杂的字符串。字符串数值和数字数值之间可以进行转换,也可以执行字符串的有关操作。

(6) 元胞数组　元胞是元胞数组(cell array)的基本组成部分。元胞数组与数字数组相似,以下标来区分,单元胞数组由元胞和元胞内容两部分组成。用花括号{}表示元胞数组的内容,用圆括号()表示元胞元素。与一般的数字数组不同,元胞可以存放任何类型、任何大小的数组,而且同一个元胞数组中各元胞的内容可以不同。

例 8-1　元胞数组创建与显示举例。

解　MATLAB 程序代码如下。

A(1,1)={'An example of cell array'};
A(1,2)={[1 2;3 4]};
A{2,1}=tf(1,[1,8]);
A{2,2}={A(1,2);'This is an example'};
celldisp(A)

(7) 矩阵的建立与访问　矩阵的表现形式和数组相似,它以左方括号"["开始,以右方括号"]"结束,每一行元素结束用行结束符(分号";")或回车符分割,每个元素之间用元素分割符号(空格或",")分隔。建立矩阵的方法有直接输入矩阵元素、在现有矩阵中添加或删除元素、读取数据文件、采用现有矩阵组合、矩阵转向、矩阵位移及直接建立特殊矩阵等。

例 8-2　创建矩阵举例。

解　MATLAB程序代码如下：
≫a=[1 2 3;4 5 6]

运行结果是创建了一个2×3的矩阵 **a**, **a** 的第一行由1、2、3这三个元素组成,第二行由4、5、6这三个元素组成,输出结果如下：

$$a = \begin{matrix} 1 & 2 & 3 \\ 4 & 5 & 6 \end{matrix}$$

(8) 矩阵基本运算　矩阵与矩阵之间可以进行如表8.2所示的基本运算。注意：在进行左除"/"和右除"\"时,两矩阵的维数必须相等。

表8.2　矩阵基本运算

操作符号	功能说明	操作符号	功能说明
+	矩阵加法	/	矩阵的左除
−	矩阵减法	'	矩阵转置
*	矩阵乘法	logm( )	矩阵对数运算
^	矩阵的幂	expm( )	矩阵指数运算
\	矩阵的右除	inv( )	矩阵求逆

例 8-3　矩阵基本运算举例。

解　MALAB程序代码如下。
≫a=[1,2;3,4];
≫b=[3,5;2,9];
≫div1=a/b;
≫div2=b\a

两矩阵a,b进行了左除和右除运算,输出结果如下：
div1 =
　　0.2941　0.0588

1.1176　－0.1765
div2 =
　　－0.3529　－0.1176
　　0.4118　0.4706

8.1.4　MATLAB 常用绘图命令

　　MATLAB 提供了强大的图形用户界面。在应用中,常常要有绘图(包括二维图形和三维图形)功能来实现数据的显示和分析。在控制系统仿真中,也常常用到绘图,如绘制系统的相应曲线、根轨迹或频率响应曲线等。MATLAB 提供了丰富的绘图功能,在命令窗口中输入"help graph2d"可得到所有绘制二维图形的命令;输入"help graph3d"可得到所有绘制三维图形的命令。

　　下面主要介绍常用的二维图形命令的使用方法。三维图形命令的使用方法与此类似。

　　1) 基本的绘图命令

　　plot(x1,y1,option1,x2,y2,option2,…):x1,y1 给出的数据分别为 x,y 轴坐标值,option1 为选项参数,以逐点连折线的方式绘制一个二维图形;同时类似地绘制第二个二维图形。这是 plot 命令的完全格式,在实际应用中可以根据需要进行简化。比如 plot(x,y),plot(x,y,option),选项参数 option 定义了图形曲线的颜色、线形及标示符号,它由一对单引号括起来。

　　2) 选择图像命令

　　figure(1);figure(2);…;figure(n):它用来打开不同的图形窗口,以便绘制不同的图形。

　　3) 在图形上添加或删除栅格命令

　　grid on:在所画出的图形坐标中加入栅格。

　　grid off:除去图形坐标中的栅格。

　　4) 图形保持或覆盖命令

　　hold on:在屏幕上当前图形保持不变,同时允许在这个坐标内绘制另外一个图形。

　　hold off:使新图覆盖旧图。

　　5) 设定轴范围的命令

　　axis([xmin xmax ymin ymax]),aixs('equal'):将 x 坐标轴和 y 坐标轴的单位刻度调整为一样。

　　6) 文字标示命令

　　text(x,y,'字符串'):在图形的指定坐标位置(x,y)处标示单引号括起来的字符串。

　　gtext('字符串'):利用鼠标在图形的某一位置标示字符串。

　　title('字符串'):在所画图形的最上端显示说明该图形标题的字符串。

　　xlabel('字符串'),ylabel('字符串'):设置 x,y 坐标轴的名称。输入特殊的文字需要用反斜杠(\)开头。

　　Legend('字符串 1','字符串 2',…,'字符串 n'):在屏幕上开启一个小视窗,然后依据绘图命令的先后次序,用对应的字符串区分图形上的线。

subplot(m,n,k):分割图形显示窗口,m 表示上下分割个数,n 表示左右分割个数,k 表示子图编号。

7) 半对数坐标绘制命令

Semilogx:绘制以 x 轴为对数坐标(以 10 为底)、y 轴为线性坐标的半对数坐标图形。

Semilogy:绘制以 y 轴为对数坐标(以 10 为底)、x 轴为线性坐标的半对数坐标图形。

8) 常用的应用型绘图指令,可用于数值统计分析或离散数据处理

bar(x,y):绘制对应于输入 x 和输出 y 的高度条形图。

hist(y,x):绘制 x 在以 y 为中心的区间中分布的个数条形图。

stairs(x,y):绘制 y 对应于 x 的梯形图。

stem(x,y):绘制 y 对应于 x 的散点图。

需要注意的是,对于图形的属性编辑同样可以在图形窗口上直接进行,但图形窗口关闭之后编辑结果不会保存。

8.1.5 符号运算

1. 符号表达式

符号表达式是代表数字、函数、算子和变量的 MATLAB 字符串,或字符串数组。不要求变量有预先确定的值,符号方程式是含有等号的符号表达式。符号算术是使用已知的规则和给定符号恒等式求解这些符号方程的实践,它与代数和微积分所学到的求解方法完全一样。符号矩阵是数组,其元素是符号表达式。MATLAB 在内部把符号表达式表示成字符串,与数字变量或运算相区别;否则,这些符号表达式几乎完全像基本的 MATLAB 命令。

2. 符号变量

在 MATLAB 中,用 sym 或 syms 命名符号变量和符号表达式,定义多个符号变量之间用空格分开。例如:

(1) "sym a"定义符号变量 a,"sym a b"定义符号变量 a 和 b;

(2) "X=sym('x')"创建变量 x,"a=sym('alpha')"创建变量 alpha;

(3) "syms a b c;f=sym('a∗x^2+b∗x+c')"创建变量表达式 $f=ax^2+bx+c$;

(4) "fcn=sym('f(x)')"创建函数 f(x)。

3. 常用的符号运算

符号变量和数字变量之间可转换,也可以用数字代替符号得到数值。常用的符号运算有代数运算、积分和微分运算、极限运算、级数求和、进行方程求解等。

(1) 微分 diff 是求微分最常用的函数,其输入参数既可以是函数表达式,也可以是符号矩阵。常用的格式是 diff(f,x,n),表示 f 关于 x 求 n 阶导数。

例 8-4 已知表达式 $f=\sin(ax)$,分别对其中的 x 和 a 求导。

解 输入如下 MATLAB 程序代码。

```
>> syms a x
```

```
>> f=sin(a*x)
% 对 x 求导
>> dfx=diff(f,x)
% 对 a 求导
>> dfa=diff(f,a)
```
运行程序,输出结果如下：
f =
    sin(a*x)
    %f 对 x 求导的结果
    dfx=
    cos(a*x)*a
    %f 对 a 求导的结果
    dfa=
cos(a*x)*x

（2）积分　int 是求积分最常用的函数,其输入参数可以是函数表达式。常用的格式是 int(f,r,x0,x1)。其中:f 为所要积分的表达式;r 为积分变量;若为定积分,则 x0,x1 为积分上下限。

例 8-5　已知表达式 $f=e^{-x^2}$,求对 x 的积分。

解　输入如下 MATLAB 程序代码。
```
>>syms x
>>f=exp(-x^2)
>>int1=int(f,x)
>>int2=int(f,x,-inf,inf)
```
运行程序,输出结果如下：
f =
exp(-x^2)
int=
1/2*pi^(1/2)*erf(x)
int2=
pi^(1/2)

（3）级数求和　symsum 是用于对符号表达式求和的函数。常用的格式是 symsum(p,a,b),表示对表达式 p 在 [a, b] 之间求和。

例 8-6　对下列级数求和, $s_1 = \sum_{k=1}^{\infty} \frac{1}{k^2}, s_2 = \sum_{k=1}^{\infty} \frac{1}{k}$。

解　输入如下 MATLAB 程序代码。
```
>>syms k
```

```
≫s1=symsum(1/k^2,1,inf)
≫s2=symsum(1/k,1,inf)
```
运行程序,输出结果如下:
s1=
1/6 * pi^2
s2=
inf

4. 控制系统中常用的符号运算

符号数学工具箱为控制理论中常用的积分变换与反变换提供了专用的变换函数与反变换函数,如傅里叶变换 fourier( )、拉普拉斯变换 laplace( )、Z 变换 ztrans( ),以及反变换函数 ifourier( )、ilaplace( )和 iztrans( )。

例 8-7 用符号运算计算 $G = Ke^{-\frac{t}{T}}$ 的拉氏变换。

解 MATLAB 程序代码如下:
```
syms K T t
G=K*(exp(-t/T))
%laplace():求拉普拉斯变换
Gs=laplace(G)
%simplify():对结果进行化简
Gs=simplify(Gs)
```
运行程序,输出结果如下:
G = K * exp(-t/T)
Gs = K/(s+1/T)
Gs = K * T/(s * T+1)

例 8-8 用符号运算计算 $\dfrac{a}{s^2(s+a)}$ 的脉冲传递函数,采样周期为 T。

解 MATLAB 程序代码如下。
```
syms a T s t k
fs=a/s^2/(s+a)
%ilaplace():求拉普拉斯反变换
ft=ilaplace(fs,t)
%simplify():对结果进行化简
ft=simplify(ft)
%subs():进行替换,此处用 k*T 替换 t
ftt=subs(ft,t,k*T)
%ztrans():求 z 变换
fz=ztrans(ftt)
```

%simplify():对结果进行化简

fz=simplify(fz)

运行程序,输出结果如下:

fs = a/s^2/(s+a)

ft = −2/a * sinh(1/2 * a * t) * exp(−1/2 * a * t)+t

ft = (−2 * exp(−1/2 * a * t) * sinh(1/2 * a * t)+a * t)/a

ftt = (−2 * exp(−1/2 * a * k * T) * sinh(1/2 * a * k * T)+a * k * T)/a

fz=1/a * (−2 * (−z+z/exp(−1/2 * a * T) * exp(1/2 * a * T))/(2 * z^2/exp(−1/2 * a * T)^2−2 * z−2 * z/exp(−1/2 * a * T) * exp(1/2 * a * T)+2 * exp(1/2 * a * T) * exp(−1/2 * a * T))+a * T * z/(z−1)^2)

fz=(a * T * z−z+z * exp(−a * T)+1−a * T * exp(−a * T)−exp(−a * T)) * z/(z−1)^2/(z−exp(−a * T))/a

fz 化简后为: $\dfrac{Tz}{(z-1)^2} - \dfrac{z(1-e^{-at})}{a(z-1)(z-e^{-at})}$ 。

8.1.6　MATLAB 程序基本设计原则

MATLAB 程序的基本设计原则如下所述。

(1) "%"后面的内容是程序的注解,要善于运用注解使程序更具可读性。

(2) 养成在主程序开头用 clear 指令清除变量的习惯,以消除工作空间中其他变量对程序运行的影响,但要注意,在子程序中不要用 clear 指令。

(3) 参数值要集中放在程序的开始部分,以便维护。要充分利用 MATLAB 工具箱提供的指令来执行所要进行的运算,在语句行之后输入分号,使该语句行及中间结果不在屏幕上显示,以提高执行速度。

(4) input 指令可以用来输入一些临时的数据;对于大量参数,则须通过建立一个存储参数的子程序,在主程序中调用子程序来实现大量参数的输入。

(5) 程序尽量模块化,即采用主程序调用子程序的方法,将所有子程序合并在一起来执行全部的操作。

(6) 充分利用 Debugger 来进行程序的调试(设置断点、单步执行、连续执行),并利用其他工具箱或图形用户界面(GUI),将设计结果集成到一起。

(7) 设置好 MATLAB 的工作路径,以便程序运行。

(8) MATLAB 程序的基本组成结构如下所示:

%说明

清除命令:清除 workspace 中的变量和图形(clear,close)

定义变量:包括全局变量的声明及参数值的设定

逐行执行命令:指 MATLAB 提供的运算指令或工具箱提供的专用命令

︙

控制循环:包含 for,if then,switch,while 等语句
逐行执行命令
⋮
end
绘图命令:将运算结果绘制出来
当然,更复杂的程序还需要调用子程序,或者与 Simulink 及其他应用程序相结合。

8.2 基于 MATLAB 控制系统的时域分析

8.2.1 时域分析中 MATLAB 函数的应用

一个动态系统的性能常用典型输入作用下的响应来描述。响应是指零初始值条件下,某种典型的输入函数作用下对象的响应,控制系统常用的输入函数为单位阶跃函数和脉冲激励函数(即冲激函数)。MATLAB 的控制系统工具箱提供了这两种输入下系统响应的函数。常用的输入函数有单位阶跃函数 step()、冲激响应函数 impulse()和时域分析函数。

1. 单位阶跃函数

y=step(num,den,t):其中 num 和 den 分别为系统传递函数描述中的分子和分母多项式系数,t 为选定的仿真时间向量,一般可由 t=0:step:end 等步长地产生。该函数返回值 y 为系统在仿真中所得输出组成的矩阵。

[y,x,t]=step(num,den):时间向量 t 由系统的模型特性自动生成,状态变量 x 返回为空矩阵。

[y,x,t]=step(A,B,C,D,iu):其中 A,B,C,D 系统的状态空间描述矩阵,iu 用来指明输入变量的序号,x 为系统返回的状态轨迹。

如果对具体的响应值不感兴趣,而只想绘制系统的阶跃响应曲线,则可采用以下格式进行函数调用:

step(num,den)或 step(sys)

step(num,den,t)

step(A,B,C,D,iu,t)

step(A,B,C,D,iu)

线性系统的稳态值可以通过函数 dcgain()来求得,其调用格式为 dc=dcgain(num,den)或 dc=dcgain(A,B,C,D)。

2. 冲激响应函数

求取脉冲冲激响应的调用方法与函数 step()基本一致。

y=impulse(num,den,t)

[y,x,t]=impulse(num,den)

[y,x,t]=impulse(A,B,C,D,iu,t)

impulse(num,den)
impulse(num,den,t)
impulse(A,B,C,D,iu,t)
impulse(A,B,C,D,iu)

3. 常用时域分析函数

时间响应分析的是系统对输入和扰动在时域内的瞬态行为。系统特征,如上升时间、调节时间、超调量和稳态误差,均能从时间响应上反映出来。

对于离散系统,只需在连续系统对应函数前加"d"即可,如 dstep()、dimpulse()等,其调用格式与 step、impulse 类似。

例 8-9 已知系统的闭环传递函数 $G_b(s)=\dfrac{1}{s^2+0.4s+1}$,试求所述系统的单位阶跃响应曲线和脉冲响应曲线。

解 MATLAB 程序代码如下:

```
num=1;
den=[1 0.4 1];
sys=tf(num,den);
subplot(121)
step(sys)
ylabel('x_o(t)')
Grid on
subplot(122)
impulse(sys)
ylabel('x_o(t)')
Grid on
```

运行结果如图 8.2 所示。

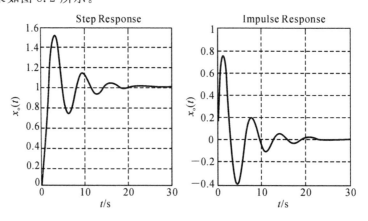

图 8.2 单位阶跃响应曲线与脉冲响应曲线

8.2.2 一阶系统的时域分析

用一阶微分方程描述的控制系统称为一阶系统,它的传递函数为

$$G(s) = \frac{X_o(s)}{X_i(s)} = \frac{1}{Ts+1}$$

式中:T——时间常数。

1. 单位阶跃响应

因为单位阶跃函数的拉氏变换 $X_i(s) = \frac{1}{s}$,则系统的输出为

$$X_o(s) = \frac{1}{1+Ts} X_i(s) = \frac{1}{s(1+Ts)}$$

用 MATLAB 编制 m 文件绘制 $x_o(t) = 1 - e^{-a}$ 响应曲线,程序代码如下:

```
syms F s t T
F=1/(s*(T*s+1))
xo=ilaplace(F,s,t)
hold on
a=t/T
a=0:0.2:10
plot(a,xo,'k')
x0=[0 10]
y0=[1-exp(-1) 1-exp(-1)]
y1=[0 1]
x1=[0 1]
plot(x0,y0,'k',x1,y1,'k')
xlabel('t/T')
ylabel('x_o(t)')
grid on
gtext('x_0(1)=0.632')
hold off
```

运行程序后得到曲线如图 8.3 所示。

2. 单位斜坡响应

令 $X_i(s) = \frac{1}{s^2}$,则系统的输出为

$$X_o(s) = \frac{1}{s^2(1+Ts)}$$

对上式利用 MATLAB 编程,其源代码如下:

```
syms F s t T
```

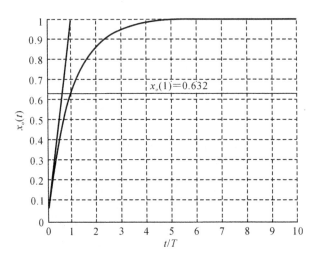

图 8.3 一阶系统的单位阶跃响应曲线

F=1/(s^2*(T*s+1))

xo=ilaplace(F,s,t)

运行上述程序,得

$$x_o = t - T(1 - e^{-\frac{t}{T}})$$

其误差为

$$e(t) = x_i(t) - x_o(t) = T(1 - e^{-\frac{t}{T}})$$

从而得其稳态误差为

$$e_{ss} = \lim_{t \to \infty} e(t) = T$$

编制绘制曲线程序:

hold on

T=0.5;

t=0:0.1:2;xo=t−T*(1−exp(−t/T))

plot(t,xo,'k',t,t,'k')

x0=[1 1]

y0=[0 2]

plot(x0,y0,'k')

xlabel('t')

ylabel('x_o(t)')

disp('请输入交点:')

[x1,y1]=ginput(1)

[x2,y2]=ginput(1)

abs(y2-y1)
gtext('x_o(t)','fontsize',14)
gtext('x_i(t)','fontsize',14)
gtext('t=1','fontsize',14)
gtext('\leftarrow 交点 1','fontsize',14)
gtext('交点 2\rightarrow','fontsize',14)
grid on
hold off

允许程序得到响应曲线如图 8.4 所示。

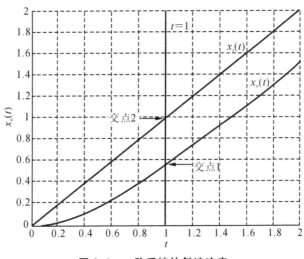

图 8.4　一阶系统的斜坡响应

由输入/输出信号与直线 $t=1$ 的交点图解求出稳态误差：ans = 0.4269

在程序中设置时间常数 $T=0.5$，由于 $e_{ss}=T$，因此是在时间趋近于无穷大时的值。

3. 单位脉冲响应

令 $x_i(t)=\sigma(t)$，则系统的输出响应 $x_o(t)$ 就是该系统的脉冲响应。为了区别其他的响应，把系统的脉冲响应记为 $g(t)$，因为 $L[\sigma(t)]=1$，所以系统的输出响应的拉氏变换为

$$X_o(s)=\frac{1}{1+Ts}$$

根据上式编写 MATLAB 程序代码如下：

syms F s t T
F=1/(T*s+1)
xo=ilaplace(F,s,t)
hold on
T=0.5
t=0:0.1:2

```
xo=exp(-t/T)/T
plot(t,xo,'k')
grid on
x0=[T T]
y0=[0 1/T]
x1=[T 0]
y1=[exp(-1)/T exp(-1)/T]
X2=[0 T]
Y2=[1/T 0]
plot(x0,y0,'k',x1,y1,'k',X2,Y2,'K')
xlabel('t')
ylabel('x_o(t)')
gtext('x_o(t)=exp(-t/T)/T','fontsize',14)
hold off
```
允许上述程序,得系统的响应曲线如图 8.5 所示。

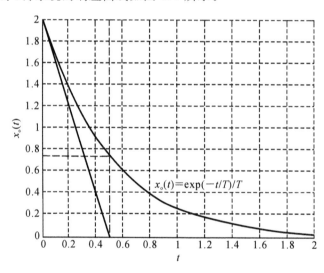

图 8.5 一阶系统单位脉冲响应

8.2.3 二阶系统

1. 二阶系统的单位脉冲响应

对于二阶系统,因为 $X_o(s) = G(s)X_i(s)$,而 $X_i(s) = L[\sigma(t)] = 1$,故有

$$X_o(s) = \frac{\omega_n^2}{(s+\xi\omega_n)^2 + (\omega_n\sqrt{1-\xi^2})^2}$$

记 $\omega_d = \omega_n\sqrt{1-\xi^2}$,称为二阶系统的有阻固有频率。

当 ξ 取不同值时,采用 MATLAB 编程可生成一曲线族,其源代码如下:

```
% unite impulse
t=0:0.1:12;
num=[1];
den=zeros(6,3);
zeta=[0.1 0.3 0.5 0.7 0.9 1];
y=zeros(length(t),4);
for i=1:6
den(i,:)=[1 2*zeta(i) 1];
[y(:,i),x,t]=impulse(num,den(i,:),t);
end
plot(t,y,'k')
xlabel('w_nt');
ylabel('x_0(t)');
title('zeta=0.1 0.3 0.5 0.7 0.9 1')
grid on
gtext('0.1','fontsize',9)
gtext('0.3','fontsize',9)
gtext('0.5','fontsize',9)
gtext('0.7','fontsize',9)
gtext('0.9','fontsize',9)
gtext('1.0','fontsize',9)
```

运行该程序得到二阶欠阻尼系统的脉冲响应曲线如图 8.6 所示。

2. 二阶系统的单位阶跃响应

如输入信号为单位阶跃函数,即 $x_i(t)=u(t)$,$L[u(t)]=\dfrac{1}{s}$,则二阶系统的阶跃响应函数的拉氏变换式为

$$X_o(s)=\dfrac{\omega_n^2}{s^3+2\xi\omega_n s^2+\omega_n^2 s}$$

令 $\omega_n=1$,则

$$X_o(s)=\dfrac{1}{s^3+2\xi s^2+s}$$

对上式所描述的单位阶跃响应,用 MATLAB 编制程序代码如下:

```
% unite step
t=0:0.1:12;
num=[1];
den=zeros(7,3);
```

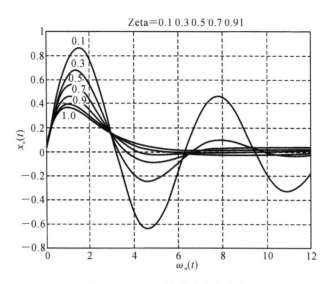

图 8.6 二阶系统单位脉冲响应

```
zeta=[0 0.2 0.4 0.6 0.8 1 2];
y=zeros(length(t),4);
for i=1:7
den(i,:)=[1 2*zeta(i) 1];
[y(:,i),x,t]=step(num,den(i,:),t);
end
plot(t,y,'k')
xlabel('w_nt');
ylabel('x_0(t)');
title('zeta=0 0.2 0.4 0.6 0.8 1 2')
grid on
gtext('\xi=0','fontsize',9)
gtext('\xi=0.2','fontsize',9)
gtext('\xi=0.4','fontsize',9)
gtext('\xi=0.6','fontsize',9)
gtext('\xi=0.8','fontsize',9)
gtext('\xi=1','fontsize',9)
gtext('\xi=2','fontsize',9)
```

运行上述程序,得到如图 8.7 所示的响应曲线。由图 8.6 可知,$\xi<1$ 时,二阶系统的单位阶跃响应函数的过渡过程为衰减振荡,并且阻尼 ξ 越小,其振荡特性表现得越强烈,当 $\xi=0$ 时为等幅振荡。在 $\xi=1$ 和 $\xi>1$ 时,二阶系统的过渡过程具有单调上升的特性。

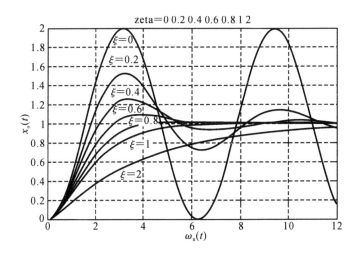

图 8.7 二阶系统单位阶跃响应曲线

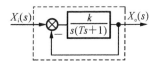

图 8.8 例 8-10 系统框图

例 8-10 已知一个如图 8.8 所示的二阶系统,其开环传递函数为 $G_k(s)=\dfrac{k}{s(Ts+1)}$,其中 $T=1$,绘制 k 分别为 $0.1,0.2,0.5,0.8,1.0,2.4$ 时其单位负反馈系统的单位阶跃响应曲线。

解 MATLAB 程序代码如下:

```
T=1;
k=[0.1 0.2 0.5 0.8 1 2.4];
t=linspace(0,20,200)
num=1;
den=conv([1 0],[T,1])
for j=1:6
s1=tf(num*k(j),den)
sys=feedback(s1,1)
y(:,j)=step(sys,t)
end
plot(t,y(:,1:6),'k')
grid on
gtext('k=0.1','linewidth',1.5,'fontsize',10)
gtext('k=0.2','linewidth',1.5,'fontsize',10)
gtext('k=0.5','linewidth',1.5,'fontsize',10)
gtext('k=0.8','linewidth',1.5,'fontsize',10)
gtext('k=1.0','linewidth',1.5,'fontsize',10)
gtext('k=2.4','linewidth',1.5,'fontsize',10)
```

在 MATLAB 环境中运行上述程序,得到如图 8.9 所示的输出结果。

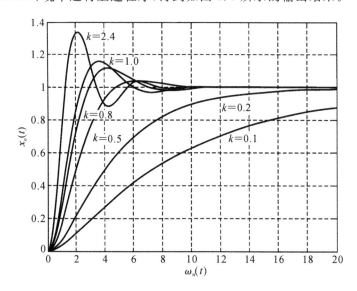

图 8.9 例 8-10 的输出结果

3. 二阶系统响应的性能指标

例 8-11 有一位置随动系统,其方框图如图 8.10(a)所示。当系统输入单位阶跃函数时,$M_p \leqslant 5\%$。

(1) 核算该系统的各参数是否符合要求;
(2) 在原系统中增加一微分负反馈,如图 8.10(b)所示,求微分方框的时间常数 τ;
(3) 用 MATLAB 编程实现系统在时间常数 τ 取不同值时的脉冲响应和阶跃响应;
(4) 用 MATLAB 编程实现系统在时间常数 τ 时的系统响应的参数指标。

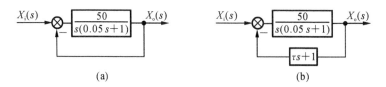

图 8.10 系统框图

解 (1) 将系统的闭环传递函数写成标准形式,即

$$G_b(s) = \frac{50}{0.05s^2 + s + 50} = \frac{31.62^2}{s^2 + 2 \times 0.316 \times 31.62s + 31.62^2}$$

可知此二阶的 $\xi = 0.316, \omega_n = 31.62$。

由于
$$M_p = e^{-\xi\pi/\sqrt{1-\xi^2}} \times 100\% = 35\% > 5\%$$

因此该系统不能满足要求,系统需校正。

(2) 图 8.10(b)所示系统的闭环传递函数为

$$G_b(s) = \frac{50}{0.05s^2 + (1+50\tau)s + 50} = \frac{1000}{s^2 + 20(1+50\tau)s + 1000}$$

由 $M_p = e^{-\xi\pi/\sqrt{1-\xi^2}} \times 100\% = 5\%$，求得 $\xi = 0.69$。

因 $\omega_n = 31.62$，故可由 $20(1+50\tau) = 2 \times 31.62 \times 0.69$，得 $\tau = 0.0236s$。

（3）运行 MATLAB 程序源代码（略）得到响应曲线，如图 8.11 所示。

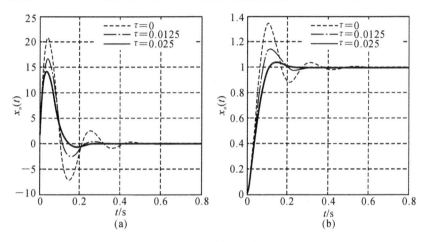

图 8.11　例 8-11 图

(a) 单位脉冲响应曲线；(b) 单位阶跃响应曲线

（4）运行求取性能指标的 MATLAB 程序源代码（略），得到运算结果如下：

```
           tr       tp       Mp       ts
ans=
         0.0640   0.1050   0.3509   0.3530
         0.0780   0.1160   0.1523   0.2500
         0.1070   0.1410   0.0415   0.1880
```

从上述计算结果可以看出：当 $\tau = 0.025$ 时，$M_p = 4.15\%$，说明系统引入速度负反馈后系统的超调量将减少。

例 8-12　已知系统 $G(s) = \dfrac{3}{(s+1+3i)(s+1-3i)}$，试用 MATLAB 编程计算系统的瞬态性能指标（稳态误差允许误差为 2% 或 5%）。

解法一　MATLAB 源程序代码如下：

sys=zpk([],[-1+3*i -1-3*i],3);

[num,den]=tfdata(sys,'v');

finalvalue=polyval(num,0)/polyval(den,0)

[y,t]=step(sys)

[Y,k]=max(y);

tp=t(k)

```
Mp=100*(Y-finalvalue)/finalvalue
% compute rise time
n=1;
while y(n)<0.1*finalvalue, n=n+1; end
m=1;
while y(m)<0.9*finalvalue, m=m+1; end
tr=t(m)-t(n)
% compute settling time
l=length(t);
while (y(l)>0.98*finalvalue)&(y(l)<1.02*finalvalue)
l=l-1;
end
ts=t(l)
disp('tp    Mp    tr    ts')
[tp Mp tr ts]
```

在 MATLAB 环境中运行上述程序,得到计算结果如下:

```
            tp        Mp        tr        ts
ans=     1.0491    35.0914    0.4417    4.5337
         峰值时间   超调量    上升时间   调整时间
```

解法二 利用 MATLAB 辅助图解方法求性能指标,程序源代码如下:

```
sys=zpk([],[-1+3*i -1-3*i],3);
step(sys);
grid on
[tr,y1]=ginput(1); % 求上升时间
[tp,ymax]=ginput(1); % 求最大值
[ts,y2]=ginput(1); % 求调整时间
Mp=(ymax-y1)/y1*100;
disp('tp    Mp    tr    ts')
[tp Mp tr ts]
```

运行上述程序得到相应曲线如图 8.12 所示,手工操作摘取相关点的到性能参数结果如下:

```
            tp        Mp        tr        ts
ans=     1.0473    34.4428    0.5330    4.6864
         峰值时间   超调量    上升时间   调整时间
```

对比两种计算方法可知:图解方法是靠眼睛目测,所以存在误差,但也能满足工程需要。

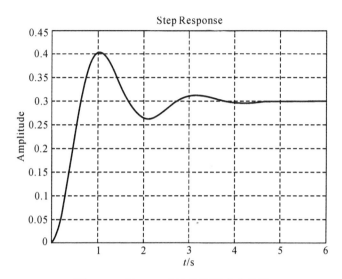

图 8.12 例 8-12 系统的阶跃响应曲线

8.3 控制系统的频域分析

8.3.1 开环系统的 Nyquist 图绘制

1. Nyquist 图逐点计算绘制

开环频率特性的极坐标形式为

$$G_k(j\omega) = |G(j\omega)| e^{-j\varphi(\omega)} = u + vj$$

当 ω 由 $0 \to \infty$ 变化时,逐点计算相应的实部特性和虚部特性的值,据此画出开环系统的 Nyquist 图。下面通过举例说明 0 型、Ⅰ型与 Ⅱ型系统开环传递函数的 Nyquist 图的绘制方法。

例 8-13 已知 0 型系统和 Ⅰ型系统的开环传递函数分别为

$$G_0(s) = \frac{10}{(1+0.1s)(1+s)}, \quad G_1(s) = \frac{10}{s(1+s)}$$

试绘制它们对应的 Nyquist 图。

解 (1) 0 型系统的频率特性为

$$G_0(j\omega) = \frac{10}{(1+0.1j\omega)(1+j\omega)} = \frac{10(1+0.01\omega^2)}{(1+0.1^2\omega^2)(1+\omega^2)} - \frac{1.01j\omega}{(1+0.1^2\omega^2)(1+\omega^2)}$$

实部与虚部特性为

$$u = \frac{10(1+0.01\omega^2)}{(1+0.1^2\omega^2)(1+\omega^2)}, \quad v = \frac{-1.01\omega}{(1+0.1^2\omega^2)(1+\omega)^2}$$

由上述两式,在 MATLAB 中编程绘制 Nyquist 图,源代码如下:

w=0:0.1:1000;

```
g1=1+0.01*w.^2;
g2=1+w.^2;
u=10*(1+0.01^2*w.^2)./(g1.*g2);
v=-1.01*w./(g1.*g2)
plot(u,v,'k')
xlabel('real Axis');ylabel('Imag axis')
grid
gtext('\omega\rightarrow\infty')
gtext('\omega\rightarrow0')
```

运行上述程序得到 Nyquist 曲线,如图 8.13 所示。

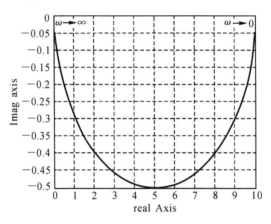

图 8.13　0 型系统的 Nyquist 图

(2) Ⅰ型系统的频率特性

$$G_{\mathrm{I}}(j\omega) = \frac{10}{j\omega(1+j\omega)} = \frac{-10}{(1+\omega^2)} - \frac{-10}{(\omega+\omega^3)}j$$

实部特性为
$$u = \frac{-10}{(1+\omega^2)}$$

实部特性为
$$v = \frac{-10}{(\omega+\omega^3)}$$

由上述两式,在 MATLAB 中编程绘制 Nyquist 图,源代码如下:

```
w=0:0.1:1000;
u=-10./(1+w.^2);
v=-10./(w+w.^3);
plot(u,v,'k')
xlabel('real Axis');ylabel('Imag axis')
grid
```

运行上述程序得到的 Nyquist 曲线如图 8.14 所示。

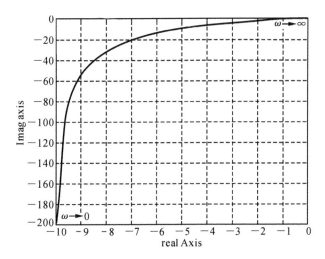

图 8.14　Ⅰ型系统的 Nyquist 图

例 8-14　设Ⅱ型系统的开环传递函数为 $G_{\mathrm{II}}(s)=\dfrac{10}{s^2(1+s)}$，试绘制其 Nyquist 图。

解　该系统的开环频率特性为

$$G_{\mathrm{II}}(\mathrm{j}\omega)=\dfrac{10}{(\mathrm{j}\omega)^2(1+\mathrm{j}\omega)}=-\dfrac{10}{\omega^2+\omega^4}+\mathrm{j}\dfrac{10}{\omega(1+\omega^2)}$$

实部特性为

$$u=-\dfrac{10}{\omega^2+\omega^4}$$

虚部特性为

$$v=\dfrac{10}{\omega(1+\omega^2)}$$

由上述两式，在 MATLAB 中编程绘制 Nyquist 图，源代码如下：

w=0:0.1:1000;
u=-10./(w.^4+w.^2)
v=10./(w+w.^3)
plot(u,v,'k','linewidth',1)
xlabel('real Axis');ylabel('Imag axis')
gtext('\omega\rightarrow\infty')
gtext('\omega\rightarrow0')
grid

运行上述程序得到的 Nyquist 曲线如图 8.15 所示。

2. 用 MATLAB 函数绘制 Nyquist 图

MATLAB 有专用函数可用于绘制 Nyquist 图，使用时快捷方便。已知系统的传递函数，则可以应用 MATLAB 功能指令 Nyquist(num,den)，方便地画出系统的 Nyquist 图。

其中，num,den 分别为开环传递函数 $G(s)H(s)$ 的分子和分母多项式的系数，按下式

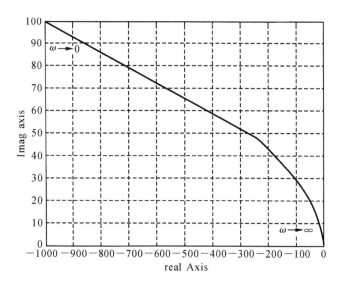

图 8.15 例 8-14 图

所示形式组成的数组：

$$G(s)H(s) = \frac{b_0 s^m + b_1 s^{m-1} + \cdots + b_m}{a_0 s^n + a_1 s^{n-1} + \cdots + a_n} \quad (n \geqslant m)$$

则

$$\text{num} = [b_0, b_1, \cdots, b_m] \quad \text{den} = [a_0, a_1, \cdots, a_m]$$

通过执行 Nyquist 绘图命令，就能在屏幕上自动生成 Nyquist 图。

例 8-15 已知控制系统的开环传递函数 $G(s)H(s) = \dfrac{1}{s^3 + 1.8s^2 + 1.8s + 1}$，试用 MATLAB 绘制系统的 Nyquist 图。

解 MATLAB 程序源代码如下：

```
num=[1];
den=[1 1.8 1.8 1];
nyquist(num,den)
title('nyquist of G(s)=1/(s^3+1.8s^2+1.8s+1)')
grid
```

运行上述程序得到曲线如图 8.16 所示。

当用户需要指定的频率时，可用指令：

[Re,Im,w]=nyquist(num,den)   或   [Re,Im,w]=nyquist(num,den,w)

利用这两种指令不能直接产生 Nyquist 图，因为 MATLAB 仅做了系统频率响应实部和虚部的计算与排列工作。其中 Re, Im, w 分别以矩阵的形式给出。如要产生 Nyquist 图，需要加指令 Plot(Re,Im)

利用指令 plot，根据已经算好的 Re, Im，画出系统的 Nyquist 图。

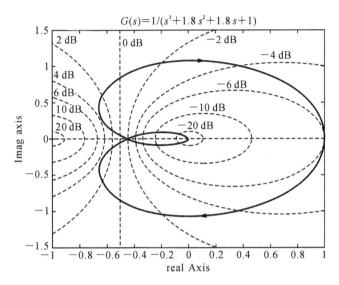

图 8.16 例 8-15 图

例 8-16 已知系统的开环传递函数为 $G(s)H(s) = \dfrac{100(s+5)}{(s-2)(s+8)(s+20)}$，试用 MATLAB 绘制系统的 Nyquist 图。

解 MATLAB 程序源代码如下：

```
k=100;
z=[-5];
p=[2 -8 -20];
GH=zpk(z,p,k)
[Re,Im,w]=nyquist(GH)
plot(Re(:,:),Im(:,:))
xlabel('real Axis');ylabel('Imag axis')
title('nyquist of G(s)H(s)=100(s+5)/[(s-2)(s+8)(s+20)]')
grid
```

运行上述程序得到曲线如图 8.17 所示。

8.3.2 开环系统的 Bode 图绘制

1. 利用 MATLAB 编程绘制 Bode 图

例 8-17 绘制传递函数为 $G(s) = \dfrac{24(0.25s+0.5)}{(5s+2)(0.05s+2)}$ 的系统的 Bode 图。

解 系统的频率特性为

$$G(j\omega) = \dfrac{24(0.25j\omega + 0.5)}{(5j\omega + 2)(0.05j\omega + 2)}$$

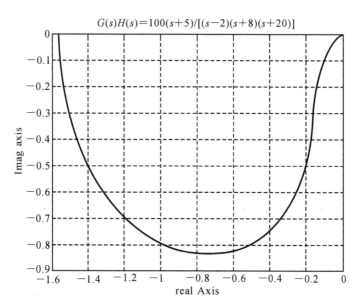

图 8.17 例 8-16 图

幅频特性

$$L(\omega) = 20\lg 20 + 20\lg\sqrt{0.25^2\omega^2 + 0.5^2} - 20\lg\sqrt{25\omega^2 + 4} - 20\lg\sqrt{0.05^2\omega^2 + 4}$$

相频特性：

$$\varphi(\omega) = \arctan 0.5\omega - \arctan 2.5\omega - \arctan 0.025\omega$$

根据上述两式在 MATLAB 中编程，其源代码如下：

w=logspace(−2,2,1000);

Lw=20*log10(20)+20*log10(0.25^2*w.^2+0.5^2)−20*log10(25*w.^2+4)−20*log10(0.05^2*w.^2+4)

phi_w=(atan(0.5*w)−atan(2.5*w)−atan(0.025*w)).*180/pi

subplot(211)

semilogx(w,Lw)

grid

xlabel('\omega')

ylabel('L(\omega)')

subplot(212)

semilogx(w,phi_w)

xlabel('\omega')

ylabel('\phi(\omega)')

grid

运行上述程序，得到图 8.18 所示的对数幅频特性曲线。

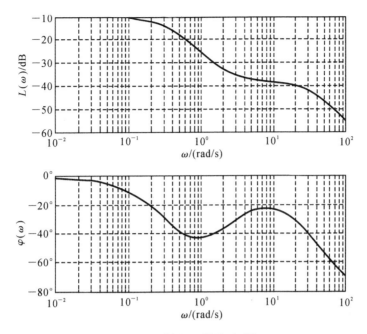

图 8.18 例 8-17 的 Bode 图

2. 利用 MATLAB 函数绘制 Bode 图

MATLAB 提供了绘制系统 Bode 图的函数 Bode( ),其用法如下。

Bode(A,B,C,D):绘制系统的一组 Bode 图,它们是针对连续状态空间系统[A,B,C,D]的每个输入的 Bode 图,其中频率范围由函数自动选取,且在响应快速变化的位置会自动采用更多采样点。

Bode(num,den):绘制以连续时间多项式传递函数表示的系统。

Bode(num,den,w):利用指定的角频率矢量绘制系统的 Bode 图。

当带输出变量[mag,pha,w]或[mag,pha]引用函数时,可得到系统 Bode 图响应的幅值 mag、相位角 pha、角频率点 w 矢量,或只是返回幅值与相位角。相位角以度为单位,幅值可转换为分贝单位:

mag(dB)=20lg(mag)。

若给出具体的频率范围,可用 logspace(a,b,n)指令,该指令在十进制数 10^a 和 10^b 之间,产生 n 个用十进制对数分度的等距离的点。采样点 n 的具体值由用户确定。

例 8-18 已知一个典型环节传递函数:$G(s)=\dfrac{\omega_n^2}{s^2+2\xi\omega_n s+\omega_n^2}$,其中,$\omega_n=0.7$,试分别绘制 $\xi=0.1,0.4,1.0,1.6,2.0$ 时的 Bode 图。

解 MATLAB 程序代码如下:

w=[0,logspace(-2,2,200)]
wn=0.7

```
tou=[0.1,0.4,1.0,1.6,2.0]
for j=1:5
sys=tf([wn*wn],[1,2*tou(j)*wn,wn*wn])
bode(sys,w)
hold on
end
grid on
gtext('\xi=0.1')
gtext('\xi=0.4')
gtext('\xi=1.0')
gtext('\xi=1.6')
gtext('\xi=2.0')
```

运行程序得到响应曲线如图 8.19 所示。

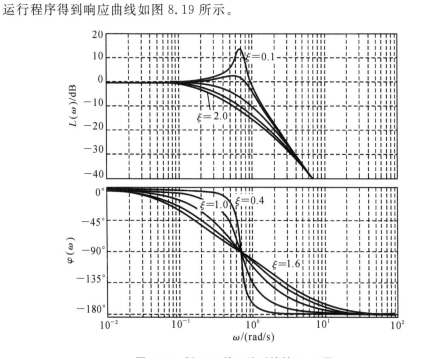

图 8.19　例 8-18 的二阶系统的 Bode 图

附录 A 拉普拉斯(Laplace)变换

工程技术上常用傅里叶方法分析线性系统,因为任何周期函数均可展开为含有许多正弦分量的傅氏级数,而任何非周期函数均可表示为傅氏积分,从而可将一个时间域的函数变换为频率域的函数,这就是傅里叶变换。

工程实践中,常用的一些函数,如阶跃函数等,它们往往不能满足傅氏变换的条件,但如果对这种函数稍加处理,一般都能进行傅氏变换,因而也就引入了拉普拉斯变换。

拉氏变换是求解线性微分方程的简捷工具,同时,也是建立系统传递函数的数学基础。

关于拉氏变换的原理,在有关数学书中已详细讲述,这里只列举一些结论,供应用查阅。

一、拉氏变换的定义

如果一个以时间 t 为自变量的实变函数 $f(t)$,它的定义域是 $t \geqslant 0$,那么,拉氏正变换式为

$$F(s) = \int_0^\infty f(t) \mathrm{e}^{-st} \mathrm{d}t \tag{A-1}$$

式中:s——复数,$s = \sigma + \mathrm{j}\omega$。

为了简便,通常记作 $F(s) = L[f(t)]$

一个函数 $f(t)$ 可以进行拉氏变换的充分条件是:

(1) 当 $t < 0$ 时,$f(t) = 0$;

(2) 在 $t \geqslant 0$ 的任一有限区间内,$f(t)$ 是分段连续的;

(3) 积分 $F(s) = \int_0^\infty f(t) \mathrm{e}^{-st} \mathrm{d}t < \infty$。

在实际工程中,上述条件通常是满足的。式(A-1)中 $F(s)$ 称为象函数,$f(t)$ 称为原函数。反之,如果已知象函数 $F(s)$,可用拉氏反变换式求出原函数,即

$$f(t) = \frac{1}{2\pi \mathrm{j}} \int_{\sigma - \mathrm{j}\infty}^{\sigma + \mathrm{j}\infty} F(s) \mathrm{e}^{st} \mathrm{d}s \tag{A-2}$$

式中:σ——实数。

式(A-2)通常记作 $f(t) = L^{-1}[F(s)]$

为了工程应用方便,常把 $F(s)$ 和 $f(t)$ 的对应关系编成表格,就是一般所说的拉氏变换表。表 B-1 列出了最常用的几种拉氏变换关系。

二、一些常用函数的拉氏变换

1. 单位阶跃函数的拉氏变换(见图 A-1)

$$u(t) = \begin{cases} 0 & (t < 0) \\ 1 & (t \geqslant 0) \end{cases}$$

$$F(s) = L[u(t)] = \int_0^\infty u(t)e^{-st}dt = \int_0^\infty e^{-st}dt = \left[-\frac{1}{s}e^{-st}\right]_0^\infty = \frac{1}{s}$$

同样可以证明，一个幅度为 A 的阶跃函数 $f(t)=Au(t)$ 的拉氏变换为

$$F(s) = L[Au(t)] = \int_0^\infty Au(t)e^{-st}dt = \frac{A}{s}$$

2. 单位脉冲函数的拉氏变换(见图 A-2)

$$\delta(t) = \begin{cases} 0 & (t < 0 \text{ 和 } t > t_0) \\ \lim\limits_{t_0 \to 0}\dfrac{1}{t_0} & (0 \leqslant t \leqslant t_0) \end{cases}$$

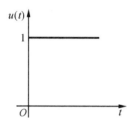

图 A-1　单位阶跃函数

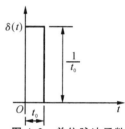

图 A-2　单位脉冲函数

从图 A-2 中可以看出，其幅值 $1/t_0$ 和作用时间 t_0 的乘积等于 1。

$$F(s) = L[\delta(t)] = \lim_{t_0 \to 0}\int_0^{t_0}\frac{1}{t_0}e^{-st}dt = \lim_{t_0 \to 0}\left[\frac{1}{t_0}\cdot\frac{-e^{-st}}{s}\right]_0^{t_0}$$

$$= \lim_{t_0 \to 0}\frac{1}{t_0 s}[1-e^{-st_0}] = \lim_{t_0 \to 0}\frac{\dfrac{d}{dt_0}[1-e^{-st_0}]}{\dfrac{d}{dt_0}(st_0)} = \frac{s}{s} = 1$$

同样可以证明，冲击函数的幅值为 $\dfrac{A}{t_0}$，与作用时间 t_0 的乘积等于 A。

$$F(s) = L[A \cdot \delta(t)] = A$$

3. 指数函数 $f(t)=e^{-at}$ 的拉氏变换(a 为正实数)

$$F(s) = L[e^{-at}] = \int_0^\infty e^{-at}e^{-st}dt = \int_0^\infty e^{-(a+s)t}dt = \frac{1}{s+a}$$

4. 正弦函数 $f(t)=\sin\omega t$ 的拉氏变换(ω 为正实数)

$$F(s) = L[\sin\omega t] = \int_0^\infty \sin\omega t\, e^{-st}dt = \frac{1}{2j}\left[\int_0^\infty e^{-(s-j\omega)t}dt - \int_0^\infty e^{-(s+j\omega)t}dt\right]$$

$$= \frac{1}{2j}\left[\frac{1}{s-j\omega} - \frac{1}{s+j\omega}\right] = \frac{\omega}{s^2+\omega^2}$$

同理可求得余弦函数的拉氏变换

$$F(s) = L[\cos \omega t] = \frac{s}{s^2 + \omega^2}$$

三、常用的拉氏变换性质(不作证明)

1. 线性性质

$$L[f_1(t) + f_2(t)] = F_1(s) + F_2(s)$$
$$L[a \cdot f(t)] = a \cdot F(s)$$

式中：$F_1(s) = L[f_1(t)]$，$F_2(s) = L[f_2(t)]$，$F(s) = L[f(t)]$；

　　a——常数。

2. 微分定理

$$\left.\begin{aligned}
L\left[\frac{df(t)}{dt}\right] &= sF(s) - f(0) \\
L\left[\frac{d^2 f(t)}{dt^2}\right] &= s^2 F(s) - sf(0) - f'(0) \\
L\left[\frac{d^3 f(t)}{dt^3}\right] &= s^3 F(s) - s^2 f(0) - sf'(0) - f''(0) \\
&\vdots \\
L\left[\frac{d^n f(t)}{dt^n}\right] &= s^n F(s) - s^{n-1} f(0) - s^{n-2} f'(0) - \cdots - f^{n-1}(0)
\end{aligned}\right\}$$

式中：$f(0)$——$f(t)$ 在 $t = 0$ 时的值；

　　$f'(0)$——$\dfrac{df(t)}{dt}$ 在 $t = 0$ 时的值；

　　　　　$\vdots$

　　$f^{n-1}(0)$——$\dfrac{d^{n-1} f(t)}{dt^{n-1}}$ 在 $t = 0$ 时的值。

3. 积分定理

$$L\left[\int f(t) dt\right] = \frac{1}{s} F(s) + \frac{1}{s} f^{-1}(0)$$

同理，对于 n 重积分有

$$L\left[\int\int\cdots\int f(t)(dt)^n\right] = \frac{1}{s^n} F(s) + \frac{1}{s^n} f^{-1}(0) + \cdots + \frac{1}{s} f^{-n}(0)$$

式中：$f^{-1}(0)$——$\int f(t) dt$ 在 $t = 0$ 时的值；

　　$f^{-2}(0)$——$\iint f(t)(dt)^2$ 在 $t = 0$ 时的值；

　　　　　$\vdots$

　　$f^{-n}(0)$——$\int\cdots\int f(t)(dt)^n$ 在 $t = 0$ 时的值。

4. 位移定理

如图 A-3 所示,原函数 $f(t)$ 沿时间轴平移 τ,为 $f(t-\tau)$。

$$L[f(t-\tau)] = e^{-s\tau} \cdot F(s)$$

另外,有 $L[e^{at}f(t)] = F(s-a)$。

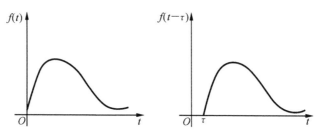

图 A-3 函数位移示意图

5. 初值定理

时间函数 $f(t)$ 的初始值(初值)为

$$\lim_{t \to 0} f(t) = \lim_{s \to \infty} sF(s)$$

6. 终值定理

时间函数 $f(t)$ 的稳态值(终值)为

$$\lim_{t \to \infty} f(t) = \lim_{s \to 0} sF(s)$$

这一定理对于求暂态过程的稳态值是有用的。但是,当 $sF(s)$ 的极点的实部为正或等于零时,不能应用终值定理,这一点必须注意。

四、拉氏反变换

求拉氏反变换的公式是

$$f(t) = \frac{1}{2\pi j} \int_{\sigma-j\infty}^{\sigma+j\infty} F(s) e^{st} ds$$

用上式求拉氏反变换,显然是很复杂的。但是对于大多数控制系统,在实际中亦不需要利用这一公式求解拉氏反变换。下面介绍利用部分分式展开,然后查拉氏变换表的办法进行反变换,即可求出函数 $f(t)$。

在控制系统中,拉氏变换可写成下列一般形式,即

$$F(s) = \frac{b_m s^m + b_{m-1} s^{m-1} + \cdots + b_1 s + b_0}{a_n s^n + a_{n-1} s^{n-1} + \cdots + a_1 s + a_0} = \frac{B(s)}{A(s)} \quad (A-3)$$

式中:$B(s)$、$A(s)$ 均为变量 s 的多项式,且 $n \geq m$。

在应用部分分式展开法求 $F(s) = \frac{B(s)}{A(s)}$ 的拉氏反变换时,必须预先知道分母多项式 $A(s)$ 的根。换句话说,其分母要能进行分解因式。

由于 $F(s)$ 被展开成了部分分式,使 $F(s)$ 的每一项都是 s 的简单函数,很容易从拉氏

变换表中查到其对应的原函数。

将 $F(s)$ 写成下面的因式分解的形式,即

$$F(s) = \frac{B(s)}{A(s)} = \frac{K(s+z_1)(s+z_2)\cdots(s+z_m)}{(s+p_1)(s+p_2)\cdots(s+p_n)} \tag{A-4}$$

式中:$p_1,p_2,\cdots,p_n$ 和 $z_1,z_2,\cdots,z_n$ 是实数或是共轭复数。

1. 只包含不相同实际点的情况

因为各实数极点均不相同,因此 $F(s)$ 可以分解为诸分式之和,即

$$F(s) = \frac{B(s)}{A(s)} = \frac{A_1}{s+p_1} + \frac{A_2}{s+p_2} + \cdots + \frac{A_k}{s+p_k} + \cdots + \frac{A_n}{s+p_n} \tag{A-5}$$

式中:A_k——待定常数。

A_k 的值可用 $(s+p_k)$ 乘以式(A-5)的两边,并令 $s=-p_k$ 的方法求出,即

$$\left[\frac{B(s)}{A(s)}(s+p_k)\right]_{s=-p_k} = \left[\frac{A_1}{s+p_1}(s+p_k) + \frac{A_2}{s+p_2}(s+p_k) + \cdots \right.$$
$$\left. + \frac{A_k}{s+p_k}(s+p_k) + \cdots + \frac{A_n}{s+p_n}(s+p_k)\right]_{s=-p_k} = A_k$$

可以看出,上式所有被展开的项除了 A_k 以外,其余各项全没有了,于是可以求出

$$A_k = \left[\frac{B(s)}{A(s)}(s+p_k)\right]_{s=-p_k} \tag{A-6}$$

按式(A-6)将各项系数全部求出以后,便可查拉氏变换表,从而求出 $f(t)$。

例 A-1 求 $F(s) = \dfrac{s+3}{(s+2)(s+1)}$ 的拉氏反变换。

解 $F(s)$ 的部分分式展开式为

$$F(s) = \frac{s+3}{(s+2)(s+1)} = \frac{A_1}{s+1} + \frac{A_2}{s+2}$$

按照式(A-6)求出 A_k。

$$A_1 = \left[\frac{s+3}{(s+1)(s+2)}(s+1)\right]_{s=-1} = 2$$

$$A_2 = \left[\frac{s+3}{(s+1)(s+2)}(s+2)\right]_{s=-2} = -1$$

所以

$$F(s) = \frac{A_1}{s+1} + \frac{A_2}{s+2} = \frac{2}{s+1} + \frac{-1}{s+2}$$

于是查拉氏变换表得

$$f(t) = L^{-1}[F(s)] = L^{-1}\left[\frac{2}{s+1}\right] + L^{-1}\left[\frac{-1}{s+2}\right] = 2e^{-t} - e^{-2t} \quad (t \geqslant 0)$$

2. 包含共轭复数极点的情况

如果 $F(s)$ 有一对共轭复数极点,则可以利用那个下面的展开式。

设 $-p_1$ 和 $-p_2$ 是共轭复数极点,有

$$F(s) = \frac{A(s)}{B(s)} = \frac{a_1 s + a_2}{(s+p_1)(s+p_2)} + \frac{a_3}{(s+p_3)} + \cdots + \frac{a_n}{s+p_n} \qquad \text{(A-7)}$$

式中:$a_3, \cdots, a_n$ 按上面不相同极点的情况求取。

a_1 和 a_2 的值可用 $(s+p_1)(s+p_2)$ 乘以式(A-7)的两边,并令 $s=-p_1$(或 $s=-p_2$)而求得:

$$\left[\frac{B(s)}{A(s)} \cdot (s+p_1)(s+p_2)\right]_{s=-p_1} = \left[(a_1 s + a_2) + \frac{a_3}{(s+p_3)}(s+p_1)(s+p_2)\right.$$
$$\left. + \cdots + \frac{a_n}{s+p_n}(s+p_1)(s+p_2)\right]_{s=-p_1}$$

可以看出,右边除了 $(a_1 s + a_2)$ 项外,所有被展开的项都没有了,于是有

$$[a_1 s + a_2]_{s=-p_1} = \left[\frac{B(s)}{A(s)} \cdot (s+p_1)(s+p_2)\right]_{s=-p_1} \qquad \text{(A-8)}$$

因为 p_1 是一个复数值,方程式两边也都是复数值,使式(A-8)两边实数部分相等,可得到一个方程式;同样,使方程式两边的虚数部分相等,可得到另一个方程式。根据这两个方程式,就可以确定 a_1 和 a_2。下面举例说明。

例 A-2 求 $F(s) = \dfrac{s+1}{s(s^2+s+1)}$ 的拉氏反变换。

解 令 $s(s^2+s+1)=0$,可解出三个极点为

$$s=0, \quad s_{1,2} = -\frac{1}{2} \pm j\frac{\sqrt{3}}{2} = -0.5 \pm j0.866$$

因此,$F(s)$ 可展开为

$$F(s) = \frac{B(s)}{A(s)} = \frac{s+1}{s(s^2+s+1)} = \frac{a_1 s + a_2}{s^2+s+1} + \frac{a_3}{s}$$

为了确定 a_3,可按上面不同极点的情况进行,即用 s 乘以方程两边,并令 $s=0$,得

$$a_3 = \left[\frac{s+1}{s(s^2+s+1)} \cdot s\right]_{s=0} = 1$$

为了确定 a_1 和 a_2,则按共轭复数极点的情况,用 (s^2+s+1) 乘以方程两边,并令 $s=-0.5-j0.866$,得

$$\frac{0.5-j0.866}{-0.5-j0.866} = a_1(-0.5-j0.866) + a_2$$

使方程两边实部和虚部对应相等,得

$$\begin{cases} -0.5a_1 - 0.5a_2 = 0.5 \\ 0.866a_1 - 0.866a_2 = -0.866 \end{cases}$$

解之得 $\quad a_1 = -1, \quad a_2 = 0$

所以

$$F(s) = \frac{B(s)}{A(s)} = \frac{-s}{s^2+s+1} + \frac{1}{s} = \frac{1}{s} - \frac{s+0.5}{(s+0.5)^2 + (0.866)^2} + \frac{0.5}{(s+0.5)^2 + (0.866)^2}$$

则查拉氏变换表得

$$f(t) = L^{-1}[F(s)] = 1 - e^{-0.5t}\cos(0.866) + 0.58 e^{-0.5t}\sin(0.866t) \qquad (t \geq 0)$$

3. 包含多重极点的情况

如果有 r 个重极点 p_1（假设其余的根是不同的），则 $F(s)$ 可写为

$$F(s) = \frac{B(s)}{A(s)} = \frac{b_r}{(s+p_1)^r} + \frac{b_{r-1}}{(s+p_1)^{r-1}} + \cdots + \frac{b_1}{s+p_1} + \frac{a_{r+1}}{s+p_{r+1}} + \cdots + \frac{a_n}{s+p_n} \quad \text{(A-9)}$$

式中：$a_{r+1}, \cdots, a_n$ 的计算按前面单极点的情况进行，$b_r, b_{r-1}, \cdots, b_1$ 的求法为

$$b_r = \left[\frac{B(s)}{A(s)}(s+p_1)^r\right]_{s=-p_1}$$

$$b_{r-1} = \left\{\frac{d}{ds}\left[\frac{B(s)}{A(s)}(s+p_1)^r\right]\right\}_{s=-p_1}$$

$$b_{r-2} = \frac{1}{2!}\left\{\frac{d^2}{ds^2}\left[\frac{B(s)}{A(s)}(s+p_1)^r\right]\right\}_{s=-p_1}$$

$$\vdots$$

$$b_1 = \frac{1}{(r-1)!}\left\{\frac{d^{(r-1)}}{ds^{(r-1)}}\left[\frac{B(s)}{A(s)}(s+p_1)^r\right]\right\}_{s=-p_1}$$

例 A-3 求 $F(s) = \dfrac{s+3}{(s+2)^2(s+1)}$ 的拉氏反变换。

解 令 $(s+2)^2(s+1)=0$ 可得三个极点，其中有两个重极点。因此，将 $F(s)$ 展开为

$$F(s) = \frac{B(s)}{A(s)} = \frac{b_2}{(s+2)^2} + \frac{b_1}{s+2} + \frac{a_2}{s+1} \qquad \text{(A-10)}$$

上式中各项系数为 a_2, b_2, b_1，可分别求得

$$a_2 = \left[\frac{s+3}{(s+2)^2(s+1)} \cdot (s+1)\right]_{s=-1} = 2$$

$$b_2 = \left[\frac{s+3}{(s+2)^2(s+1)} \cdot (s+2)^2\right]_{s=-2} = -1$$

$$b_1 = \left\{\frac{d}{ds}\left[\frac{s+3}{(s+2)^2(s+1)} \cdot (s+2)^2\right]\right\}_{s=-2} = -2$$

于是

$$F(s) = \frac{-1}{(s+2)^2} - \frac{2}{s+2} + \frac{2}{s+1}$$

查拉氏变换表，得

$$f(t) = L^{-1}[F(s)] = -te^{-2t} - 2e^{-2t} + 2e^{-t} \qquad (t \geq 0)$$

五、利用拉氏变换求解线性微分方程

用拉氏变换解线性常系数微分方程是工程实践中行之有效的简便方法。用拉氏变换求解线性微分方程的一般步骤如下：

（1）考虑初始条件，对微分方程进行拉氏变换，将时域的微分方程变为 s 域的代数方程；

（2）求解代数方程，得到微分方程在 s 域的解；

（3）求 s 域的拉氏反变换，即得到微分方程的解。

这个过程可以用图 A-4 直观地表示出来。

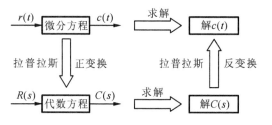

图 A-4　微分方程求解过程　　　　图 A-5　例 A-4 机械移动系统

例 A-4　现有单自由度机械移动系统如图 A-5 所示。

已知条件为：质量 $M=1$ kg；弹簧刚度 $K_1=K_2=5$ N/m；黏滞阻尼系数 $f=6$ N·s/m；外作用力 $F(t)$ 是阶跃函数，幅值为 8 N；质量 M 的位移 $x(t)$（相对平衡位置）的初始位移 $x(t)|_{t=0}=0.6$ m；初始速度 $\dfrac{\mathrm{d}x(t)}{\mathrm{d}t}|_{t=0}=0.3$ m/s。

求解此系统的输出响应 $x(t)$。

解　根据牛顿定律，此机械系统的运动方程为

$$M\frac{\mathrm{d}^2 x(t)}{\mathrm{d}t^2}+f\frac{\mathrm{d}x(t)}{\mathrm{d}t}+(k_1+k_2)x(t)=F(t)$$

对上式两端进行拉氏变换得

$$M[s^2 X(s)-sx(0)-x'(0)]+f[sX(s)-x(0)]+(k_1+k_2)X(s)=F(s)$$

整理后得

$$X(s)=\frac{F(s)+sMx(0)+Mx'(0)+fx(0)}{Ms^2+fs+(k_1+k_2)}$$

代入已知参数及初始条件，且注意

$$f(t)=8,\quad F(t)=\frac{8}{s}$$

所以

$$X(s)=\frac{0.6s^2+3.9s+8}{s(s^2+6s+10)}$$

令 $s(s^2+6s+10)=0$ ，可求出 $X(s)$ 的三个极点，一个零点 $s=0$；一对共轭复数极点 $s_{1,2}=-3\pm\mathrm{j}1$。所以，$X(s)$ 的部分分式展开式为

$$X(s)=\frac{0.6s^2+3.9s+8}{s(s^2+6s+10)}=\frac{a_3}{s}+\frac{a_1 s+a_2}{(s+3-\mathrm{j}1)(s+3+\mathrm{j}1)}$$

下面求系数 a_3, a_2, a_1，有

$$a_3=[X(s)\cdot s]_{s=0}=\left[\frac{0.6s^2+3.9s+8}{s^2+6s+10}\right]_{s=0}=\frac{4}{5}$$

又

$$[a_1 s + a_2]_{s=-3+\text{j}1} = [X(s) \cdot (s^2 + 6s + 10)]_{s=-3+\text{j}1}$$

即

$$-3a_1 + a_2 + \text{j}a_1 = \frac{-3-\text{j}2}{10} = -\frac{3}{10} + \text{j}\frac{-1}{5}$$

令两段实部与虚部分别相等,可得

$$a_1 = -\frac{1}{5}, \quad a_2 = -\frac{9}{10}$$

所以

$$\begin{aligned}
X(s) &= \frac{\frac{4}{5}}{s} - \frac{\frac{1}{5}s + \frac{9}{10}}{(s+3)^2 + 1} = \frac{\frac{4}{5}}{s} - \frac{\frac{1}{5}(s+3)}{(s+3)^2 + 1} - \frac{\frac{3}{10}}{(s+3)^2 + 1} \\
&= \frac{4}{5} \times \frac{1}{s} - \frac{1}{5} \times \frac{(s+3)}{(s+3)^2 + 1} - \frac{3}{10} \times \frac{1}{(s+3)^2 + 1}
\end{aligned}$$

查表,得拉氏反变换式为

$$x(t) = \frac{4}{5} - \frac{1}{5}\text{e}^{-3t}\cos t - \frac{3}{10}\text{e}^{-3t}\sin t \quad (\text{m})$$

就得到了此单自由度机械振动系统运动方程式的解,即系统的输出动态响应。

附录 B Z 变换

采样控制系统中,存在着离散的脉冲序列(离散函数),处理离散函数常应用差分方程。用 Z 变换法来求解差分方程是分析离散系统常用的方法。这种方法在采样控制系统中占有很重要的位置。

一、Z 变换

在采样系统中连续信号,经采样周期为 T 的采样开关变为一个脉冲序列,其工作过程如图 B-1 所示。

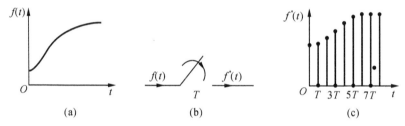

图 B-1 采样工作过程

这个过程可以看做是一个脉冲调制过程,即输出脉冲序列 $f^*(t)$ 可以认为是连续信号 $f(t)$ 对脉冲序列 $\delta_T(t)$ 进行幅度调制的结果。其中 $f(t)$ 为调制信号,$\delta_T(t)$ 为载波信号,如图 B-2 所示。

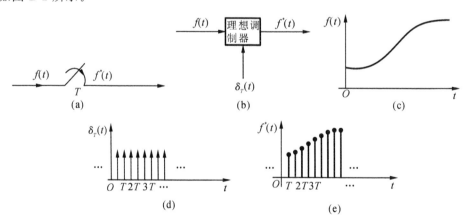

图 B-2 脉冲调制过程

根据脉冲强度的概念,有

$$f^*(t) = f(t)\delta_T(t)$$

式中:$f^*(t)$——一个离散脉冲序列,表示各特定时刻脉冲的强度;

$f(t)$——输入的连续时间的函数;

$\delta_T(t)$——一些间隔为 T 的单位强度周期脉冲序列,$\delta_T(t) = \sum\limits_{K=-\infty}^{+\infty} \delta(t-KT)$。

所以
$$f^*(t) = f(t)\sum_{K=-\infty}^{+\infty} \delta(t-KT) = \sum_{K=-\infty}^{+\infty} f(KT)\delta(t-KT)$$

一般而言,当 $t<0$ 时,$f(t)=0$,所以上式可写为
$$f^*(t) = \sum_{K=0}^{+\infty} f(KT)\delta(t-KT)$$

对 $f^*(t)$ 取拉式变换有
$$F^*(s) = L[f^*(t)] = L\left[\sum_{K=0}^{\infty} f(KT)\delta(t-KT)\right] = \sum_{K=0}^{\infty} f(KT)e^{-KTs}$$

令 $z = e^{Ts}$,代入上式得
$$F^*(s) = \sum_{K=0}^{+\infty} f(KT)z^{-K} = F(z)$$

定义 $F(z)$ 为脉冲序列函数 $f^*(t)$ 的 Z 变换,记为
$$F(z) = Z[f^*(t)] \text{ 或 } f^*(t) = Z^{-1}[F(z)]$$

对于连续函数 $f(t)$,只考虑采样瞬时的值,因此,$f(t)$ 与 $f^*(t)$ 的 Z 变换相同,即
$$\sum_{K=0}^{+\infty} f(KT)z^{-K} = F(z) = Z[f^*(t)] = Z[f(t)]$$

例 B-1 已知 $f(t)=1(t)$,求 Z 变换。

解 按定义有

$$F(z) = Z[1(t)] = \sum_{K=0}^{+\infty} 1(KT)z^{-K} = 1 + z^{-1} + z^{-2} + \cdots + z^{-k} + \cdots = \frac{1}{1-z^{-1}} = \frac{z}{z-1}$$

若 $|z|>1$,则可写成闭式。

例 B-2 已知 $f(t)=e^{-aT}(a>0)$,求 Z 变换。

解 按定义有
$$F(z) = Z[e^{-aT}] = \sum_{K=0}^{+\infty} e^{-aT} \cdot z^{-K}$$
$$= 1 + e^{-aT}z^{-1} + e^{-2aT}z^{-2} + \cdots + e^{-KaT}z^{-K} + \cdots = \frac{1}{1-e^{-aT}z^{-1}} = \frac{z}{z-e^{-aT}}$$

若 $|e^{-aT}|>1$,则可写成闭式。

一些常用函数的 Z 变换,可以在 Z 变换表格中查到。

二、Z 变换的基本定理(证明从略)

1. 线性定理

若 $Z[f_1(t)]=F_1(z)$,$Z[f_2(t)]=F_2(z)$,a_1,a_2 为常量,则

$$Z[a_1 f_1(t) \pm a_2 f_2(t)] = a_1 F_1(z) \pm a_2 F_2(z)$$

2. 时间位移定理

若 $Z[f(t)] = F(z)$,则

$$Z[f(t+KT)] = z^K \left[F(z) - \sum_{n=0}^{K-1} f(nT) z^{-n} \right]$$

例如,$Z[f(t+T)] = z[F(z) - f(0)]$ $(K=1)$

$$Z[f(t+2T)] = z^2 [F(z) - f(0) - z^{-1} f(T)] \quad (K=2)$$

推论 若 $Z[f(t)] = F(z)$,则

$$Z[f(t-KT)] = z^{-K} F(z)$$

3. 初值定理

若 $Z[f(t)] = F(z)$,且 $\lim_{z \to \infty} F(z)$ 存在,则

$$\lim_{t \to 0} f(t) = f(0) = \lim_{z \to \infty} F(z)$$

4. 终值定理

若 $Z[f(t)] = F(z)$,则

$$\lim_{t \to \infty} f(t) = f(\infty) = \lim_{z \to 1} (z-1) F(z)$$

5. 复位移定理

若 $Z[f(t)] = F(z)$,则

$$Z[e^{\pm aT} f(t)] = F(e^{\mp aT} z)$$

6. 复微分定理

若 $Z[f(t)] = F(z)$,则

$$Z[t f(t)] = -Tz \frac{d}{dz} F(z)$$

例 B-3 求 $f(t) = t$ 的 Z 变换。

解 应用复微分定理

$$Z[t] = Z[t \cdot 1(t)] = -Tz \frac{d}{dz} \left(\frac{z}{z-1} \right) = -Tz \frac{(z-1)-z}{(z-1)^2} = \frac{Tz}{(z-1)^2}$$

例 B-4 已知 $F(z) = \dfrac{1}{1 - z^{-1}}$,求 $f(t)$ 的初值。

解 应用初值定理

$$\lim_{t \to 0} f(t) = f(0) = \lim_{z \to \infty} F(z) = \lim_{z \to \infty} \frac{1}{1 - z^{-1}} = 1$$

例 B-5 已知 $F(z) = \dfrac{Tz}{(z-1)^2}$,求 $f(t)$ 的终值。

解 应用终值定理,有

$$\lim_{t \to \infty} f(t) = f(\infty) = \lim_{z \to 1} (z-1) F(z) = \lim_{z \to 1} (z-1) \frac{Tz}{(z-1)^2} = \infty$$

三、Z 反变换

Z 反变换就是求 $F(z)$ 的原函数,即离散脉冲序列 $f^*(t)$。常用的方法有长除法、部分分式法、留数法等。

1. 长除法

这种方法是将 $F(z)$ 展开成为 z^{-1} 幂级数,然后按对应关系找到相应的 $f^*(t)$。

例 B-6　求 $F(z)=\dfrac{1}{1-z^{-1}}$ 的原函数是 $f^*(t)$。

解　用长除法求得

$$F(z) = 1 + z^{-1} + z^{-2} + \cdots + z^{-K} + \cdots = \sum_{K=0}^{\infty} f(KT)z^{-K}$$

所以,按对应关系可求得

$$\begin{aligned}f^*(t) &= \sum_{K=0}^{\infty} f(KT)\delta(t-KT) \\ &= 1\times\delta(t) + 1\times\delta(t-T) + 1\times\delta(t-2T) + \cdots + 1\times\delta(t-KT) + \cdots\end{aligned}$$

例 B-7　已知 $F(z)=\dfrac{10z}{(z-1)(z-2)}$,求 $K=0,1,2,3,4$ 时的 $f(KT)$ 的值。

解　用长除法,有

$$F(z) = \frac{10z}{z^2-3z+2} = \frac{10z^{-1}}{1-3z^{-1}-2z^{-2}}$$

$$= 10z^{-1} + 30z^{-2} + 70z^{-3} + 150z^{-4} + \cdots = \sum_{K=0}^{\infty} f(KT)z^{-K}$$

按照 Z 变换的对照关系,可求得

$$\begin{aligned}f^*(t) &= \sum_{K=0}^{\infty} f(KT)\delta(t-KT) \\ &= 10\delta(t-T) + 30\delta(t-2T) + 70\delta(t-3T) + 150\delta(t-4T) + \cdots\end{aligned}$$

所以

$$f(0) = 0,\quad f(T) = 10,\quad f(2T) = 30,\quad f(3T) = 70,\quad f(4T) = 150$$

2. 部分分式法

应用部分分式进行 Z 变换时应注意,在将 $F(z)$ 展开为部分分式以前,应首先按 $\dfrac{F(z)}{z}$ 展开成部分分式,因为 Z 变换式的分子中,一般含有 z 的因子。

例 B-8　已知 $F(z)=\dfrac{10z}{(z-1)(z-2)}$,求 $f(KT)$。

解　将 $\dfrac{F(z)}{z}$ 展开成部分分式,即

$$\frac{F(z)}{z} = \frac{10}{(z-1)(z-2)} = \frac{10}{z-2} - \frac{10}{z-1}$$

得
$$F(z) = \frac{10z}{z-2} - \frac{10z}{z-1}$$

查 Z 变换表,有
$$Z^{-1}\left[\frac{z}{z-2}\right] = z^K, \quad Z^{-1}\left[\frac{z}{z-1}\right] = 1$$

所以
$$f(KT) = Z^{-1}[F(z)] = 10(2^K - 1) \quad (K = 0,1,2,3,\cdots)$$

例 B-9 已知 $F(z) = \dfrac{0.5z}{(z-1)(z-0.5)}$,求 $f(KT)$。

解 将 $\dfrac{F(z)}{z}$ 展开成部分分式
$$\frac{F(z)}{z} = \frac{0.5}{(z-1)(z-0.5)} = \frac{1}{z-1} - \frac{1}{z-0.5}$$

即
$$F(z) = \frac{z}{z-1} - \frac{z}{z-0.5}$$

查 Z 变换表有
$$Z^{-1}\left[\frac{z}{z-1}\right] = 1, \quad Z^{-1}\left[\frac{z}{z-0.5}\right] = 0.5^K$$

所以
$$f(KT) = Z^{-1}[F(z)] = 1 - 0.5^K \quad (K = 0,1,2,3,\cdots)$$

四、用 Z 变换解差分方程

在分析连续系统时,借助拉氏变换解方程,它可以将以时域 t 为变量的微分方程变换为以频域 s 为变量的代数方程,使问题简化,求解方便。

同样,用 Z 变换解差分方程,则可以将以时域 t 为变量的差分方程变换为以 z 为变量的代数方程,求出 $F(z)$ 以后,利用 Z 反变换,便可求得 $F(KT)$ 离散脉冲系列。

例 B-10 已知二阶差分方程:
$$f(K+2) + 3f(K+1) + 2f(K) = 0$$
初始条件 $f(0)=0, f(1)=1$,求解此微分方程。

解 对差分方程取 Z 变换,得到
$$z^2 F(z) - z^2 f(0) - zf(1) + 3zF(z) - 3zf(0) + 2F(z) = 0$$
代入初始条件并简化为
$$z^2 F(z) - z + 3zF(z) + 2F(z) = 0$$

所以
$$F(z) = \frac{z}{z^2 + 3z + 2}$$

由部分分式展开

$$F(z) = \frac{z}{z^2+3z+2} = \frac{z}{z+1} - \frac{z}{z+2}$$

查 Z 变换表,求得 Z 反变换为

$$Z^{-1}\left[\frac{z}{z+1}\right] = (-1)^K, \quad Z^{-1}\left[\frac{z}{z+2}\right] = (-2)^K$$

所以

$$f(K) = Z^{-1}[F(z)] = (-1)^K - (-2)^K \quad (K=0,1,2,\cdots)$$

表 B-1 为常用函数的拉氏变换和 Z 变换表,供参考。

表 B-1 常用函数的拉氏变换和 Z 变换表

拉氏变换 $E(s)$	时间函数 $e(t)$	Z 变换 $E(s)$
1	$\delta(t)$	1
$\dfrac{1}{1-e^{-Ts}}$	$\delta_T(t) = \sum\limits_{n=0}^{\infty} \delta(t-nT)$	$\dfrac{z}{z-1}$
$\dfrac{1}{s}$	$1(t)$	$\dfrac{z}{z-1}$
$\dfrac{1}{s^2}$	t	$\dfrac{Tz}{(z-1)^2}$
$\dfrac{1}{s^3}$	$\dfrac{t^2}{2}$	$\dfrac{T^2 z(z+1)}{2(z-1)^3}$
$\dfrac{1}{s^{n+1}}$	$\dfrac{t^n}{n!}$	$\lim\limits_{a \to 0} \dfrac{(-1)^n}{n!} \dfrac{\partial^n}{\partial a^n}\left(\dfrac{z}{z-e^{-aT}}\right)$
$\dfrac{1}{s+a}$	e^{-at}	$\dfrac{z}{z-e^{-aT}}$
$\dfrac{1}{(s+a)^2}$	te^{-at}	$\dfrac{Tze^{-aT}}{(z-e^{-aT})^2}$
$\dfrac{a}{s(s+a)}$	$1-e^{-at}$	$\dfrac{(1-e^{-aT})z}{(z-1)(z-e^{-aT})}$
$\dfrac{b-a}{(s+a)(s+b)}$	$e^{-at}-e^{-bt}$	$\dfrac{z}{z-e^{-aT}} - \dfrac{z}{z-e^{-bT}}$
$\dfrac{\omega}{s^2+\omega^2}$	$\sin\omega t$	$\dfrac{z\sin\omega T}{z^2-2z\cos\omega T+1}$
$\dfrac{s}{s^2+\omega^2}$	$\cos\omega t$	$\dfrac{z(z-\cos\omega T)}{z^2-2z\cos\omega T+1}$
$\dfrac{\omega}{(s+a)^2+\omega^2}$	$e^{-at}\sin\omega t$	$\dfrac{ze^{-aT}\sin\omega T}{z^2-2ze^{-aT}\cos\omega T+e^{-2aT}}$
$\dfrac{s+a}{(s+a)^2+\omega^2}$	$e^{-at}\cos\omega t$	$\dfrac{z^2-ze^{-aT}\cos\omega T}{z^2-2ze^{-aT}\cos\omega T+e^{-2aT}}$
$\dfrac{1}{s-(1/T)\ln a}$	$a^{t/T}$	$\dfrac{z}{z-a}$

部分习题参考答案

第 2 章

2-4 图(a): $G(s) = \dfrac{X_o(s)}{X_i(s)} = \dfrac{f_1}{ms + (f_1 + f_2)}$

图(b): $G(s) = \dfrac{X_o(s)}{X_i(s)} = \dfrac{fsk_1}{fs(k_1 + k_2) + k_1 k_2}$

图(c): $G(s) = \dfrac{X_o(s)}{X_i(s)} = \dfrac{fs + k_1}{fs + k_1 + k_2}$

图(d): $G(s) = \dfrac{X_o(s)}{X_i(s)} = \dfrac{k_1 + f_1 s}{k_1 + f_1 s + \dfrac{k_2 f_2 s}{k_2 + f_2 s}} = \dfrac{f_1 + \dfrac{k_1}{s}}{f_1 + \dfrac{k_1}{s} + \dfrac{f_2}{1 + \dfrac{f_2}{k_2} s}}$

2-5 $mJ\ddot{\theta} + (mG_m + cJ)\dddot{\theta} + (R^2 km + C_m c + kJ)\ddot{\theta} + k(cR^2 + C_m)\theta = mM + CM + kM$

2-6 $G_1(s) = \dfrac{C_1(s)}{R_1(s)} = \dfrac{H_1(s)}{1 - H_1(s) H_2(s) H_3(s) H_4(s)}$

$G_2(s) = \dfrac{C_2(s)}{R_1(s)} = \dfrac{-H_1(s) H_2(s) H_3(s)}{1 - H_1(s) H_2(s) H_3(s) H_4(s)}$

$G_3(s) = \dfrac{C_1(s)}{R_2(s)} = \dfrac{-H_1(s) H_3(s) H_4(s)}{1 - H_1(s) H_2(s) H_3(s) H_4(s)}$

$G_4(s) = \dfrac{C_2(s)}{R_2(s)} = \dfrac{H_3(s)}{1 - H_1(s) H_2(s) H_3(s) H_4(s)}$

2-7 $G(s) = \dfrac{C(s)}{R(s)} = \dfrac{k_2}{k_1 k_2 + (T_1 s + 1)(T_2 + 1 + k_3)}$

2-8 图(a): $G_a(s) = \dfrac{C(s)}{R(s)} = \dfrac{G_1 G_2 G_3 + G_4}{1 + (G_1 G_2 G_3 + G_4) H_2 + G_1 G_2 G_3 H_1 H_2}$

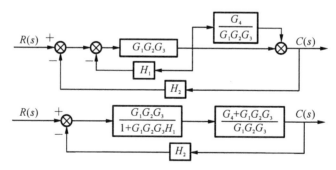

图(b): $G_b(s) = \dfrac{C(s)}{R(s)} = \dfrac{1 + H_1 G_1 G_2 + G_4 + H_1 H_2 G_2 (1 + G_4)}{1 + H_1 G_1 G_2}$

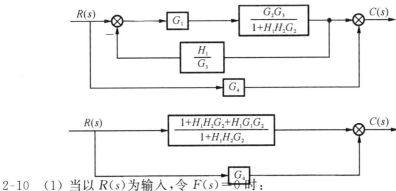

2-10 (1) 当以 $R(s)$ 为输入,令 $F(s)=0$ 时:

若以 $C(s)$ 为输出,有 $G_C(s) = \dfrac{C(s)}{R(s)} = \dfrac{G_1(s)G_2(s)}{1+H(s)G_1(s)G_2(s)}$;

若以 $Y(s)$ 为输出,有 $G_Y(s) = \dfrac{Y(s)}{R(s)} = \dfrac{H(s)G_1(s)G_2(s)}{1+H(s)G_1(s)G_2(s)}$;

若以 $B(s)$ 为输出,有 $G_B(s) = \dfrac{B(s)}{R(s)} = \dfrac{G_1(s)}{1+H(s)G_1(s)G_2(s)}$;

若以 $E(s)$ 为输出,有 $G_E(s) = \dfrac{E(s)}{R(s)} = \dfrac{1}{1+H(s)G_1(s)G_2(s)}$。

(2) 当以 $F(s)$ 为输入,令 $R(s)=0$ 时:

若以 $C(s)$ 为输出,有 $G_C(s) = \dfrac{C(s)}{F(s)} = \dfrac{G_2(s)}{1+H(s)G_1(s)G_2(s)}$;

若以 $Y(s)$ 为输出,有 $G_Y(s) = \dfrac{Y(s)}{F(s)} = \dfrac{H(s)G_2(s)}{1+H(s)G_1(s)G_2(s)}$;

若以 $B(s)$ 为输出,有 $G_B(s) = \dfrac{B(s)}{F(s)} = \dfrac{-H(s)G_1(s)G_2(s)}{1+H(s)G_1(s)G_2(s)}$;

若以 $E(s)$ 为输出,有 $G_E(s) = \dfrac{E(s)}{F(s)} = \dfrac{-H(s)G_2(s)}{1+H(s)G_1(s)G_2(s)}$。

第 3 章

3-3 (1) $G(s) = \mathrm{L}[x(t)] = \mathrm{L}[0.2\mathrm{e}^{-1.25t}] = \dfrac{0.2}{s+1.25}$

(2) $G(s) = \mathrm{L}[x(t)] = \mathrm{L}\left[5t+10\sin\left(4t+\dfrac{\pi}{4}\right)\right]$

$\qquad = \dfrac{5}{s^2} + 5\sqrt{2}\left[\dfrac{4}{s^2+16} + \dfrac{s}{s^2+4^2}\right]$

3-4 单位脉冲响应为

$$g(t) = \mathrm{L}^{-1}[G(s)X(s)] = \mathrm{L}^{-1}\left[\dfrac{8}{s+0.4}\times 1\right] = \mathrm{L}^{-1}\left[\dfrac{8}{s+0.4}\right] = 8\mathrm{e}^{-0.4t}$$

单位阶跃响应为

$$h(t) = L^{-1}[G(s)X(s)] = L^{-1}\left[\frac{8}{s+0.4} \times \frac{1}{s}\right]$$

$$= 20L^{-1}\left[\frac{1}{s} - \frac{1}{s+0.4}\right] = 20(1-e^{-0.4t})$$

比较 $g(t)$ 和 $h(t)$,有 $g(t) = h'(t)$ 或 $h(t) = \int_0^t g(t)dt$。由此可得出结论:系统对某种输入的导数的响应等于系统对该输入的响应的导数;系统对某种输入的积分的响应等于系统对该输入的响应的积分。

3-5 $\omega_n = 3 \text{ s}^{-1}$, $\xi = \frac{1}{6}$, $t_r = \frac{\pi - \beta}{\omega_d} = \frac{3.14 - 1.403}{2.958} \text{ s} = 0.587 \text{ s}$, $t_p = \frac{\pi}{\omega_d} = \frac{3.14}{2.958} \text{ s} = 1.062 \text{ s}$,

$$M_p = e^{-(\frac{\sigma}{\omega_d})\pi} = e^{-\frac{0.5}{2.958} \times 3.14} \times 100\% = 58.8\%$$

若 $\Delta = 2\%$, $t_s = \frac{4}{\sigma} = \frac{4}{0.5} \text{ s} = 8 \text{ s}$;

若 $\Delta = 5\%$, $t_s = \frac{3}{\sigma} = \frac{3}{0.5} \text{ s} = 6 \text{ s}$。

振荡次数 $N = \frac{t_s}{2\pi/\omega_d}$

若 $\Delta = 2\%$, $N = \frac{t_s}{2\pi/\omega_d} = \frac{2\sqrt{1-\xi^2}}{\pi\xi} = 3.7 \approx 4$;

若 $\Delta = 5\%$, $N = \frac{t_s}{2\pi/\omega_d} = \frac{1.5\sqrt{1-\xi^2}}{\pi\xi} = 2.828 \approx 3$。

3-6 $K = 2.93 \text{ s}$, $K_f = 2\xi/\sqrt{K} = 2 \times 0.4/1.71 = 0.47$

3-7 $K = 500$

3-8 (1) $K_h = 0.116$, $\omega_n = \sqrt{10}$。

(2) 因 $x_i(t) = u(t)$,则 $X_i(s) = \frac{1}{s}$

$$X_o = X_i(s)G_b(s) = \frac{1}{s} \frac{1.16s + 10}{s^2 + 3.16s + 10}$$

$$= 0.116\left[\frac{1}{s} \frac{10}{s^2 + 3.16s + 10}\right] + \left[\frac{1}{s} \frac{10}{s^2 + 3.16s + 10}\right]$$

令 $x_i(t) = L^{-1}\left[\frac{1}{s} \frac{10}{s^2 + 3.16s + 10}\right] = 1 - e^{-1.58t}(\cos 2.74t + 0.577\sin 2.74t)$

则 $x_o(t) = 0.116x(t) + x(t) = 1 - e^{-1.58t}(\cos 2.74t + 0.154\sin 2.74t)$

且稳态响应为 $x_o(\infty) = 1$, 令 $\frac{dx_o(t)}{dt}\bigg|_{t=t_p} = 0$, 有

$$e^{-1.58t}(1.15\cos 2.74t + 2.89\sin 2.74t)\big|_{t=t_p} = 0$$

解之得 $t_p = 1.01 \text{ s}$

$$x_o(t)\mid_{t=t_p} = 1 - e^{-1.58t}(\cos 2.74t + 0.154\sin 2.74t)\mid_{t=t_p=1.01} = 1.177$$

$$M_p = \frac{x_o(t)\mid_{t=t_p} - x_o(\infty)}{x_o(\infty)} \times 100\% = \frac{1.177 - 1}{1} \times 100\% = 17.7\%$$

$$\mid x_o(t) - x_o(\infty) \mid\bigg|_{t=t_p} \leqslant \Delta$$

即

$$\mid e^{-1.58t_s}(\cos 2.74t_s + 0.154\sin 2.74t_s) \mid \leqslant \Delta$$

$$\mid 1.017 e^{-1.58t_s} \mid \leqslant \Delta$$

$$t_s \geqslant \frac{1}{1.58}\ln\frac{1.017}{\Delta} = \begin{cases} 1.91 \text{ s} & (\Delta = 0.05) \\ 2.49 \text{ s} & (\Delta = 0.02) \end{cases}$$

(3) 当不加入 $(1+K_h s)$ 时, $G_b(s) = \dfrac{\dfrac{10}{s(s+2)}}{1+\dfrac{10}{s(s+2)}} = \dfrac{10}{s^2+2s+10}$

此时,该系统为一简单的二阶系统,其中 $\omega_n = \sqrt{10}$;$\xi = 0.316$ 为欠阻尼系统。

最大超调量:$M_p = e^{-\xi\pi/\sqrt{1-\xi^2}} \times 100\% = e^{-\frac{0.316 \times 3.14}{\sqrt{1-(0.316)^2}}} \times 100\% = 35\%$

过渡过程时间:若 $\Delta = 2\%$,$t_s = \dfrac{4}{\xi\omega_n} = \dfrac{4}{1}$ s $= 4$ s;若 $\Delta = 5\%$,$t_s = \dfrac{3}{\xi\omega_n} = \dfrac{3}{1}$ s $= 3$ s

故系统加入 $(1+K_h s)$ 后,其最大超调量下降,过渡过程时间减少,因而系统的动态性能有所改善。

3-9 当 $X_i(s) = 0$,$N(s) \neq 0$ 时,$\dfrac{X_{oN}(s)}{N(s)} = \dfrac{1}{1+G(s)H(s)}$

系统误差为 $E(s) = X_i(s) - X_{oN}(s) = -X_{oN}(s)$

所以

$$E(s) = -\frac{1}{1+G(s)H(s)}N(s)$$

则稳态误差为

$$e_{ss} = \lim_{s \to 0} sE(s) = -\lim_{s \to 0} s\frac{1}{1+G(s)H(s)}N(s)$$

若扰动为单位阶跃函数,则

$$e_{ss} = \lim_{s \to 0} sE(s) = -\lim_{s \to 0} s\frac{1}{1+G(s)H(s)}\frac{1}{s} = -\frac{1}{1+G(0)H(0)}$$

可见,开环传递函数 $G(0)H(0)$ 越大,由阶跃扰动引起的稳态误差就越小。对于积分环节的个数大于或等于 1 的系统,$G(0)H(0) \to \infty$,扰动不影响稳态响应,稳态误差为零。

第 4 章

4-1 $x_o(t)$ 的幅值与相位角分别为 30.6 和 $-72.5°$。

4-3 (1) $\omega = 1$,$x_{oss1}(t) = \dfrac{\sqrt{2}}{4}\sin(t+30°-45°) = \dfrac{\sqrt{2}}{4}\sin(t-15°)$

(2) $\omega=2$, $x_{oss2}(t)=3\times\dfrac{\sqrt{5}}{10}\cos(2t-45°-\arctan 2)$

(3) 由叠加原理有

$$x_{oss3}(t)=x_{oss1}(t)+x_{oss2}(t)=\dfrac{\sqrt{2}}{4}\sin(t-15°)+\dfrac{3\sqrt{5}}{10}\cos(2t-45°-\arctan 2)$$

4-4 幅频特性为

$$A(\omega)=|G(j\omega)|=\dfrac{36}{\sqrt{16+\omega^2}\sqrt{81+\omega^2}}$$

相频特性为

$$\varphi(\omega)=0-\arctan\dfrac{\omega}{4}-\arctan\dfrac{\omega}{9}=-\arctan\dfrac{\omega}{4}-\arctan\dfrac{\omega}{9}$$

4-6 $T=0.054$, $K=11.87$

4-7 (1) $x_o=X_i|G(j\omega)|\sin[\omega t+\angle G(j\omega)]=0.79\sin(2t-18.4°)$

(2) $x_o=X_i|G(j\omega)|\sin[\omega t+\angle G(j\omega)]=0.93\sin(2t-21.8°)$

(3) $x_o=X_i|G(j\omega)|\sin[\omega t+\angle G(j\omega)]=\dfrac{\sqrt{5}}{5}\sin(2t-10.3°)$

4-15 $\omega_r=8.165\ \text{s}^{-1}$;

$$M_r=|G_b(j\omega)|=\dfrac{10}{\sqrt{(10-0.15\times 66.7)^2+(8.165-0.005\times 544.6)^2}}=1.838$$

第 5 章

5-1 (1) $-1,+5,-10$;(2) $-2,+5,-10$

5-2 当系统增益 $0<K<14$ 时,系统才稳定。

5-3 罗斯表第一列系数不全大于零,所以系统不稳定。

5-4 稳定条件即为 $K>1$ 及 $0<T<2(K+1)/(K-1)$。当取 $T=3$ s 时,相应的稳定条件为 $1<K<5$。

5-5 系统属于临界稳定情况,临界稳定系统在工程上是不能使用的,因为它实际上是不稳定系统。

5-7* 系统稳定时 K 值的范围为: $0<K<10$ 或 $25<K<10000$。

5-9 (a)该闭环系统稳定;(b)该闭环系统稳定。

5-10 当 ω 从 $0\to+\infty$ 变化时,根据 Nyquist 判据判别闭环系统的稳定的充要条件为 $P=2N$。

(a) 根据其开环传递函数表示式可知 $P=0$,由图 5.25(a)分析可知,其 $N=-1$,因为 $P\neq 2N$,所以其闭环系统不稳定;

(b) 根据其开环传递函数表示式可知 $P=0$,由图 5.25(b)通过添加辅助曲线分析可知,其 $N=0$,因为 $P=2N=0$,所以其闭环系统稳定;

(c) 根据其开环传递函数表示式可知 $P=0$,由图 5.25(c)通过添加辅助曲线分析可知,其 $N=-1$,因为 $P\neq 2N$,所以其闭环系统不稳定;

(d) 根据其开环传递函数表示式可知 $P=0$，由图 5.25(d)通过添加辅助曲线分析可知，其 $N=0$，因为 $P=2N=0$，所以其闭环系统稳定；

(e) 根据其开环传递函数表示式可知 $P=0$，由图 5.25(e)通过添加辅助曲线分析可知，其 $N=0$，因为 $P=2N=0$，所以其闭环系统稳定；

(f) 根据其开环传递函数表示式可知 $P=0$，由图 5.25(f)通过添加辅助曲线分析可知，其 $N=0$，因为 $P=2N=0$，所以其闭环系统稳定；

(g) 根据其开环传递函数表示式可知 $P=1$，由图 5.25(g)分析可知，其 $N=1/2$，因为 $P=2N=1$，所以其闭环系统稳定；

(h) 根据其开环传递函数表示式可知 $P=1$，由图 5.25(h)分析可知，其 $N=0$，因为 $P\neq 2N$，所以其闭环系统不稳定。

参 考 文 献

[1] 杨叔子,杨克冲.机械工程控制基础[M].5版.武汉:华中科技大学出版社,2005.
[2] 王益群,孔祥东.控制工程基础[M].北京:机械工业出版社,2004.
[3] 姚伯威.控制工程基础[M].北京:国防工业出版社,2004.
[4] 董景新,赵长德,等.控制工程基础[M].北京:清华大学出版社,2004.
[5] 胡寿松.自动控制原理[M].5版.北京:科学出版社,2008.
[6] 宋志安,徐瑞银.机械工程控制基础[M].北京:国防工业出版社,2008.
[7] 绪方胜彦.现代控制工程[M].卢伯英,等译.北京:科学出版社,1978.
[8] 吴麒.自动控制原理[M].北京:清华大学出版社,1990.
[9] 钱学森,宋健.工程控制论[M].北京:机械工业出版社,1980.